LE TERRITOIRE :

COMMENT OBSERVER UN SYSTÈME COMPLEXE

5-7, rue de l'Ecole polytechnique ; 75005 Paris

http://www.librairieharmattan.com
diffusion.harmattan@wanadoo.fr
harmattan1@wanadoo.fr

ISBN : 978-2-296-03510-2
EAN : 9782296035102

Alexandre MOINE

LE TERRITOIRE :

COMMENT OBSERVER UN SYSTÈME COMPLEXE

L'Harmattan

ITINERAIRES GEOGRAPHIQUES

Sous la direction de Colette Vallat

Espace de débats scientifiques reflétant la diversité et la densité des intérêts géographiques comme la richesse méthodologique qui préside à la recherche en ce domaine, cette collection veut rassembler tous les *itinéraires* menant au territoire (géographie sociale, culturelle, quantitative, normative, aménagement...). Forum où rien de ce qui touche à l'homme n'est indifférent la collection donne aussi l'occasion d'ouvrir le dialogue avec de nombreuses sciences humaines en accueillant les textes présentant une réelle curiosité pour l'espace, les cultures et les sociétés.

Déjà parus

1) Corinne Eychenne, *Hommes et troupeaux en montagne : la question pastorale en Ariège* (2005)
2) Richard Laganier (ed.), *Territoires, inondation et figures du risque, la prévention au prisme de l'évaluation* (2006)
3) Ugo Leone, Gilles Benest, *Nouvelles politiques de l'environnement* (2006)

Titres à paraître

* Patrice Melé, Corinne Larrue, *Territoires d'action*
* Lionel Laslaz, *Les zones centrales des Parcs Nationaux alpins*
*Julien Frayssignes, *Les AOC des filières fromagères dans le développement territorial*
* Yves Guermond, *Rouen*

Sommaire

PRÉFACE

La géographie est capable de fournir des éléments de réflexion générale sur les sociétés et les sciences qui en traitent, ni plus ni moins que les autres disciplines. Le livre d'Alexandre Moine témoigne fort bien de ce que la géographie cela sert aussi à penser, notamment dans la mesure où il est largement fondé sur une association féconde entre pratique et théorie. Cette association, en dehors du fait qu'elle répond à des exigences intellectuelles fortes, permet au livre de retenir l'attention à plusieurs titres. Sa conception et ses qualités sont propres à intéresser chaque lecteur pour des raisons différentes, et à s'adresser à des lecteurs différents.

En fait, il s'agit non d'une simple association de perspectives, mais d'une véritable interaction entre pratique et théorie. Il apparaît clairement que le traitement d'aspects concrets de réalités géographiques a sollicité une réflexion théorique, et que réciproquement, celles-ci, une fois formulées, ont enrichi des pratiques ; pratiques diverses, depuis celles relatives à l'explication des localisations jusqu'à des considérations opérationnelles sur la mise au point d'outils d'aide à la décision. La lecture d'un ouvrage qui, comme celui-ci, pose des questions sur ce que des sociétés humaines font de leur espace, et répond à ces questions en faisant référence à des considérations générales, qu'il ne faut pas craindre de qualifier de « théoriques », offre en premier lieu des satisfactions intellectuelles. Et cela d'autant plus que la clarté de la langue rend la lecture agréable.

La présentation des thèmes de l'ouvrage se déroule selon une logique simple mais efficace – on aurait eu tord de ne pas y avoir recours. Bien que, comme on l'a dit, l'interaction entre pratique et théorie, réalités empiriques et constructions abstraites, soit visiblement à la base de la recherche, il a bien fallu choisir un ordre d'exposition, et l'exposé commence par des considérations théoriques. Elles sont articulées autour de deux notions, celle de système et celle de territoire. Celui-ci est très clairement défini à partir de l'interaction de trois systèmes individualisables : système spatial, système d'acteurs, système de représentations. Donc, il y a interaction entre des constructions intellectuelles qui sont elles-mêmes fondées sur l'interaction. C'est dire que l'on se trouve confronté à des complexités, complexités dont on précise la définition, tout en fournissant des outils pour en faire l'étude et montrer comment on peut aussi en faire usage (ce qui évite de lui conférer un excès de mystère et de lui prêter des propriétés quasi magiques, comme on le fait parfois).

Il reste ensuite à mettre en œuvre l'outillage intellectuel posé d'entrée de jeu pour traiter de différents thèmes relatifs à des réalités que Alexandre Moine a beaucoup fréquentées, voire pratiquées, toutes des réalités jurassiennes, avec quelques débordements sur l'ensemble de la Franche-Comté. Unité de lieu fort sympathique, qui n'exclut pas une très grande diversité des points de vue et des centres d'intérêt. Une interprétation de la géographie des activités de la région du Haut-Jura frontalier est suivie d'un travail sur à peu près le même espace, mais sous l'éclairage de la mise en œuvre de la notion de « pays », avec des orientations vers l'aménagement. Aménagement que l'on trouve en position centrale dans les travaux sur la géographie du sport, des équipements comme des pratiques.

La lecture de l'ensemble de l'ouvrage a une valeur formatrice, particulièrement pour tous ceux qui participent à des titres divers aux décisions relatives à l'utilisation de l'espace, qu'il s'agisse de responsables d'aménagements concertés d'une certaine ampleur, ou d'individus prenant des microdécisions. En effet, tout ce qui est dit des interactions complexes ne peut qu'inspirer des réflexions sur les effets non voulus des programmes d'action, qu'ils soient bénéfiques ou qu'ils présentent des dangers. Plus précisément, Alexandre Moine tire de son expérience de construction et d'application de modèles de systèmes territoriaux des enseignements quant aux rapports entre l'outil et les utilisateurs. On se demande en particulier avec lui dans quelle mesure il faut simplifier les modèles pour élargir la gamme des utilisateurs, ou en confier plutôt des versions moins simples à des décideurs plus « experts ». Ces considérations, ou d'autres de ce type, aboutissent à donner à penser tout un ensemble de questions qui constituent des bases d'une véritable didactique de l'aménagement.

Telles sont quelques-unes des pistes de réflexion que Alexandre Moine poursuit à partir de son expérience jurasssienne combinée à son expertise et à ses préoccupations intellectuelles. Nul doute que le lecteur en trouvera d'autres, tant la matière est riche.

François Durand-Dastès
Professeur Emérite des Universités
Décembre 2006

LE TERRITOIRE :

COMMENT OBSERVER UN SYSTÈME COMPLEXE

Alexandre MOINE

INTRODUCTION

LE TERRITOIRE COMME UN SYSTÈME COMPLEXE :

POUR UN CONCEPT OPÉRATOIRE EN GÉOGRAPHIE

Alexandre MOINE

Les territoires sont aujourd'hui sur le devant de la scène, pressés de fournir des solutions de développement socio-économique comme s'ils étaient des acteurs, ou qu'ils donnaient une image cohérente des lieux qu'ils englobent. On assiste à une forte consommation du concept, tout est territoire, sans qu'on prenne la peine de s'interroger sur l'articulation de ce qui les compose, les lieux, l'espace géographique, les hommes. Leur point commun demeure la spatialisation, et une dépendance par ce biais aux emboîtements d'échelles et donc aux systèmes et sous-systèmes qu'ils forment. Il existe une savante polysémie qui fait prendre un concept pour un autre, mélange le tout et produit des informations finalement difficiles à interpréter. Si le territoire conçu comme une boîte noire peut faire consensus, en ce sens que désignant tout et rien à la fois, il met finalement tout le monde d'accord, il n'en reste pas moins la nécessité d'articuler correctement des concepts, porteurs individuellement de beaucoup de sens.

En effet, la réalité ne souffre pas ou peu l'imprécision et on relève des décalages entre la représentation que les manipulateurs ont, de cette boîte noire, et la réalité complexe de ce qu'est réellement le territoire. La question est donc complexe, avec ce que cela implique comme difficultés en matière de compréhension de sa structure, de sa dynamique et partant de son évolution. Plusieurs catégories d'utilisateurs se dessinent, pour qui cette définition revêt de l'importance :

- les étudiants en géographie pour qui les définitions doivent être sans ambiguïté, puisqu'elles conditionnent les méthodologies qu'ils auront à mettre en œuvre ;
- les acteurs de terrain, politiques et techniciens, qui au travers de certaines attentes, peinent à comprendre certaines méthodes mises en œuvre puisque le sens des concepts de base n'est pas forcément partagé ;
- les collègues scientifiques, qui prennent le temps de s'accorder sur les concepts, sans toutefois abandonner des définitions floues.

Il s'agit donc d'essayer de ré-articuler certains concepts paraissant vitaux, en ouvrant la boîte noire du territoire. Il faut alors y chercher ce qui ne divise pas, y repérer ce qui manque, et finalement retrouver un sens partagé au concept de territoire. Ce sens n'est pas nouveau, il a simplement pâti des approches réductionnistes, des isolements de concepts, il est plus riche qu'on ne le pense, mais nous n'en voyions souvent qu'une partie, l'approche systémique le révèle autour de la complexité qui le caractérise.

Ces réflexions ont été testées sur le terrain face aux décideurs et dans le cadre des enseignements, conférant ainsi à la démarche une dimension heuristique passionnante, afin de faire comprendre la notion de territoire. Le concept a ensuite été utilisé dans le cadre d'applications en relation avec des acteurs de terrain, afin d'asseoir finalement progressivement son bien-fondé.

Nous souhaitons donc par un retour sur des expériences variées tant dans l'enseignement, la recherche et la recherche appliquée :

- faire le point sur la question du territoire en proposant une interprétation qui lui conserve sa complexité tout en lui conférant une réelle intelligibilité ;
- faire état d'expériences qui orientent vers de nouveaux questionnements, notamment dans le cadre des territoires frontaliers et/ou transfrontaliers, mais aussi concernant les nouveaux territoires de projets qui émergent en France ;
- proposer de nouvelles pistes de recherche, notamment en matière d'observation, afin de mieux organiser et lier les informations qui décrivent les territoires.

Au cœur des travaux exposés ici, le territoire constitue donc un point central, en relation avec le paradigme systémique qui s'inscrit comme :

- un outil d'enseignement : l'apport de l'approche systémique est alors décrit, que ce soit à travers la compréhension de l'évolution d'un territoire et de son fonctionnement ; de l'organisation d'un espace régional ;

- un outil de recherche : l'approche systémique permet d'appréhender le fonctionnement d'un territoire, quel que soit son degré de complexité, et de dégager des règles d'organisation et de fonctionnement ;
- un outil opérationnel, au service des acteurs qui interviennent dans le cadre de l'aménagement et de la gestion des territoires, notamment lorsqu'il s'agit de mettre en place des outils d'observation.

Le concept de territoire est alors, dans un premier temps, revisité sous l'angle de la systémique afin de produire une définition opérationnelle qui permette d'organiser les concepts d'espace physique, de lieu, d'espace géographique et de territoire, intimement liés sous l'angle d'une vision systémique. Le territoire ainsi défini se trouve replacé au cœur de la complexité et trouve une expression particulière en formant le pivot des diverses expériences relatées ici, liées dans un premier temps à l'enseignement.

Dans un deuxième temps nous avons souhaité appliquer notre approche à des territoires qui posent question. Chaque fois, les concepts d'organisation de l'espace et de territoire sont utilisés pour comprendre comment ceux-ci se structurent et évoluent au travers d'exemples très concrets. Nous abordons ainsi différentes échelles d'aménagement, autour :

- des territoires frontaliers et transfrontaliers, à propos desquels on peut se poser la question du rôle de la frontière dans la structuration et dans la plus ou moins forte intégration respective ;
- des territoires de projet que sont les Pays, et qui peinent quelques fois à s'organiser, parce qu'on ne décrète pas un territoire, nous le verrons dans le cadre du Pays horloger franc-comtois.

Figure I.1 : Entre enseignement, recherche et recherche appliquée

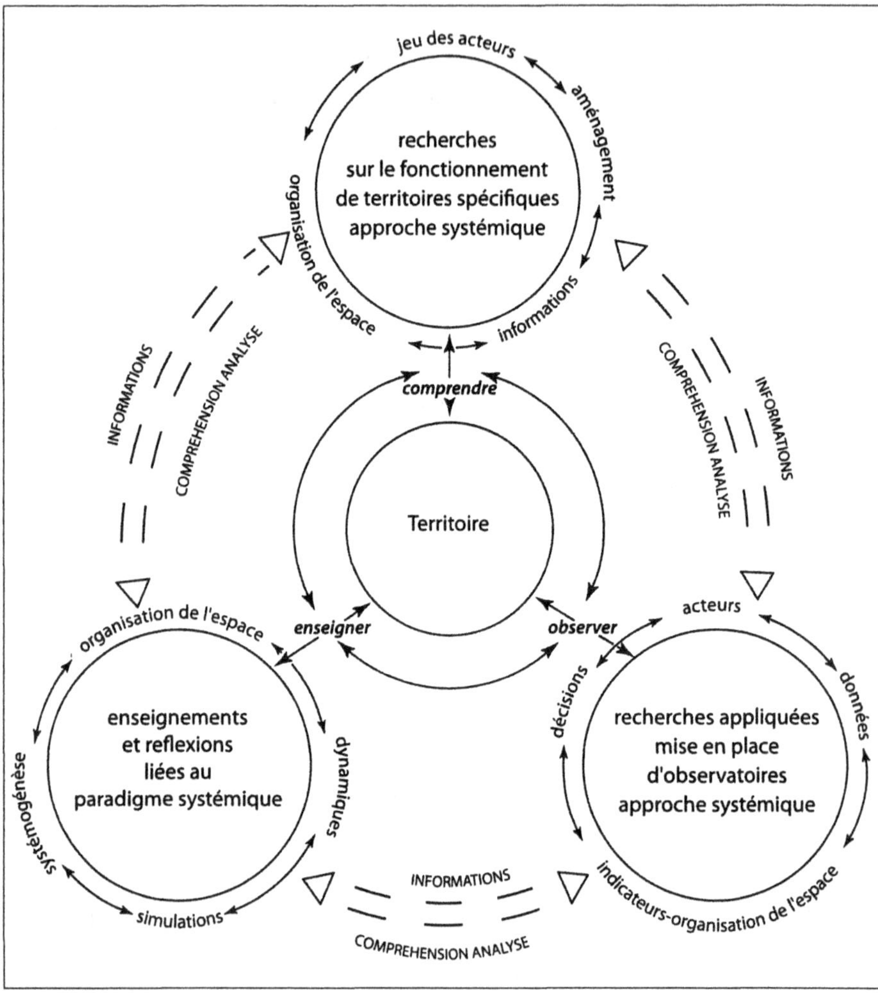

Il apparaît à l'issue de ces réflexions appliquées, un trait commun, celui de la difficulté d'observer à la fois l'organisation des espaces concernés, mais également d'anticiper leur évolution sous l'angle des jeux d'acteurs qui fondent la complexité du territoire. L'objectif n'est pas de proposer des outils qui permettent d'appréhender les territoires dans leur totalité, mais de se concentrer sur la mise au point d'outils d'observation. Ceux-ci prennent en compte, autant que faire se peut, la complexité initiale et restituent finalement cette complexité avec un degré d'interprétation plus avancé, en relation avec les préoccupations des acteurs qui animent les territoires concernés. La nécessité de mettre en place des systèmes d'observation des territoires en tenant compte de leur complexité, apparaît ainsi en effet clairement. En appliquant cette démarche aux territoires du sport il s'agit de comprendre comment s'organisent les acteurs, les espaces au sein des différentes échelles qui les lient afin d'appréhender les territoires qu'ils constituent. L'observation de la complexité sous l'angle d'un territoire, sa prise en compte dans un outil performant, conduit à la production d'une information qui restitue finalement cette complexité et pousse à s'interroger sur la compréhension globale que l'on a de ce territoire.

Face à l'immensité de la tâche qui consiste à mieux comprendre ce qui nous entoure pour mieux accompagner le développement de l'homme à la surface de la terre, il convient de conserver une certaine humilité. Il n'existe pas de propositions qui permettent de résoudre la complexité, par contre il existe des chemins qui permettent de l'aborder, il convient de les prolonger petit à petit, grâce au savoir acquis, partagé, en réunissant ce que nos méthodes d'interprétation ont permis de dégager.

PREMIÈRE PARTIE

COMPLEXITÉ, APPROCHE SYSTÉMIQUE ET TERRITOIRE

Longtemps et régulièrement observée, discutée, critiquée, la discipline de géographie ne cesse d'évoluer et de se recomposer. Aujourd'hui les géographes sont pressés de questions, de celles que tout le monde se pose, mais replacées dans un cadre plus global et nécessitant des méthodes et des outils. Sans revenir sur une longue présentation épistémologique de la discipline, arrêtons-nous tout de même aux projets que recèle la géographie actuelle et que présente fort bien André Dauphiné :

- être une science des relations entre la nature et les sociétés ;
- permettre de découvrir les lois de l'organisation de l'espace, en sous-entendant « que produisent les hommes » par leurs actions.

Les deux projets se recoupent et le pivot central demeure l'espace qui facilite l'étude des interrelations entre physique, naturel et social. Si le premier projet vise plus à répondre aux questions liées aux transformations de notre environnement naturel et souvent à sa dégradation, le deuxième projet vise, lui, à comprendre où, pourquoi et comment interagissent les objets de l'espace, créant ainsi de multiples formes d'organisations spatiales. Il s'appuie alors sur une démarche inductive qui repose souvent sur une importante collecte de données.

Un troisième projet de la géographie pourrait se justifier au travers de l'étude des mécanismes récursifs qui lient espace naturel, acteurs et espace géographique. On substitue alors le terme d'acteur, quel que soit le niveau d'échelle, à celui de société, celui d'espace naturel à celui de nature et enfin celui d'espace géographique à celui d'organisation de l'espace.

Les questionnements qui en découlent sont de ce fait plus complexes : qui fait quoi, où, comment, et pourquoi ; en ajoutant la question du temps (quand). Ils permettent à la fois de lier les objets (qui ? quoi ?), leur localisation (où ?), les mécanismes qui les font et les défont (comment ?) et les raisons pour lesquelles les relations sont apparues (pourquoi ?) eu égard aux acteurs présents (qui ?), sur une durée donnée (quand ?).

Cette vision globale de l'objet géographie n'est pas nouvelle, elle place de fait la discipline au cœur de la complexité, lui conférant ainsi une dimension importante dans le domaine de l'aménagement du territoire, duquel découle l'organisation du territoire. Mais entre l'aménagement et ses résultats, l'organisation du territoire, que de questions posées, résolues ou non, que d'incertitudes en suspens, que de choix fondés ou non, qu'il faut bien assumer.

Chapitre 1

LE PARADIGME SYSTÉMIQUE POUR COMPRENDRE EN GÉOGRAPHIE

Le monde qui nous entoure est fondamentalement complexe

Le monde qui nous entoure est complexe et cette complexité ne cesse de s'amplifier eu égard à l'explosion des échanges, des flux, la révolution internet, mais aussi les moyens de gérer et d'administrer les territoires. En France, la complexité institutionnelle ne cesse de s'accroître, les politiques d'aménagements se superposent, mêlant de plus en plus d'acteurs en un même lieu au sein d'un territoire. Cette complexité n'est pas nouvelle, elle est, et demeure depuis la nuit des temps, mais avant le milieu du XXe siècle et les travaux de Norbert Wiener en cybernétique et de Ludwig Von Bertalanffy sur la théorie générale des systèmes, nous ne disposions pas des outils pour l'appréhender. Depuis une trentaine d'années, dans le domaine de la géographie, le paradigme de la complexité et les outils développés pour l'aborder ont fortement influencé les méthodes et la compréhension que nous avons, à la fois du fonctionnement des territoires, mais aussi de l'organisation de l'espace géographique qui en découle. Revenons donc ici brièvement sur le paradigme de la complexité, sa représentation sous forme de systèmes, et l'utilisation de l'approche systémique fil directeur des travaux présentés ici.

La complexité, une formalisation pour comprendre

« La complexité est un paradigme qui se cherche au-delà de la conception horlogère d'un monde fini, achevé régi à tous les niveaux par une loi unique (…), à la relation linéaire causale se substituent l'interdépendance et la rétroaction » (Passet, 1986). Elle constitue en quelque sorte un moyen de rendre « concret » ce qui nous entoure, sans le caractériser de manière définitive, mais en ouvrant la possibilité à de multiples interprétations. En fait la complexité devient « une grille de lecture du réel » (Passet, 1986). La complexité est, elle ne peut se résoudre (Morin, 1988) ; tout au plus pouvons nous tenter de cerner ses multiples visages. En effet, la complexité est plurielle, et nombreux sont ceux qui la considèrent comme une difficulté, une incertitude, en relation avec les notions de contradiction, de désordre, loin d'une réponse claire aux interrogations qui nous assaillent :

- la complexité est tout d'abord liée au hasard ou au désordre, particulièrement dans les systèmes socio-économiques au sein desquels les déterminants des multiples décisions induisent une incertitude telle, qu'il est difficile d'anticiper les phénomènes économiques (les fluctuations de la bourse en sont la traduction), les modes qui vont guider le comportement des individus et peser sur des choix quelques fois primordiaux en matière d'aménagement du territoire etc. Souvent, le rationnel, le planifié se mélangent à l'intuition et au hasard rendant difficilement interprétables les causes de certains phénomènes ;
- la complexité est liée à ce que nous appellerons « la multiplicité des unités », chaque homme est unique avec son vécu, ses représentations, ses choix, chaque lieu est unique avec ses caractéristiques propres, chaque moment qui s'écoule est unique dans un cadre d'irréversibilité qu'il a bien fallu admettre. La combinaison de ces individualités qu'il est indispensable de lier dans une approche globalisante est une des formes de la complexité, en effet, de la multiplicité des unités naît une unité, qui est plus que la somme de ces dernières ;
- la complexité est par conséquent liée aux relations, à l'organisation qui émerge de l'ordre ou du désordre, ainsi des phénomènes ordonnés peuvent naître du désordre comme l'a montré Ilya Prigogine (Prigogine, 1979), ce sont ces relations qui vont faire évoluer sans cesse les systèmes qui nous entourent selon le principe d'irréversibilité. Les formes d'organisation sont évidemment multiples fondées soit sur des interactions spontanées (des acteurs s'allient autour d'un projet), soit dépendantes d'une hiérarchie unique (l'État par ses prérogatives détermine le comportement d'un certain nombre d'acteurs), soit dépendante de multiples autres acteurs (dans le cadre du développement local, l'action d'un maire est contrôlée par plusieurs autres acteurs) ;
- la complexité est liée également à l'interdépendance des phénomènes, en relation avec leur irréversibilité. Il existe trois formes d'interdépendance, celle du système avec son environnement, celle du système avec ses propres sous-systèmes, et enfin l'interdépendance entre les éléments d'un système ;

- la complexité est enfin liée à la récursivité des phénomènes, à la notion de rétroaction qui pose l'insolvable problème de l'origine d'un ensemble de phénomènes et pose également le problème des frontières des systèmes l'un contenant l'autre suivant le principe des sous-systèmes, un système autonome est donc ouvert et fermé à la fois. Ainsi, dans le cas des systèmes sociaux, l'organisation est assurée par un ensemble de forces contradictoires et complémentaires qui s'exercent donc à la fois au sein du système et sur le système.

La notion de complexité pose donc plus de questions qu'elle ne permet d'en résoudre, mais en posant ces questions, elle ouvre un champ d'investigation considérable qui force à adopter du recul et à se doter des outils nécessaires afin de comprendre ce qui nous entoure. Quelques définitions peuvent nous permettre de clore ce chapitre. La notion de complexité est, selon Mélèze (Mélèze, 1972), « l'incapacité que l'on a de décrire tout le système et de déduire son comportement à partir de la connaissance des comportements de ses parties ». Pour mieux formaliser cette assertion nous pouvons nous appuyer sur les propos de Joël de Rosnay (de Rosnay, 1975), selon lequel la complexité est attribuable au nombre et à la variété de ses éléments constituants, à l'interdépendance des niveaux hiérarchiques auxquels ils appartiennent et à la non-linéarité de leurs multiples interactions. Il en résulte une dynamique et un comportement particulier, symbolisé entre autre exemple par les effets pervers des systèmes sociaux fondés sur des boucles de rétroaction. En fait, le comportement d'un système est complexe si on ne peut l'expliquer par le comportement des éléments. Le degré de complexité d'un système dépend alors du nombre de ses composants, et du nombre et du type de relations qui les lient entre eux. On peut affirmer que les systèmes liés aux activités humaines sont complexes, en effet ils sont caractérisés par un ou plusieurs des attributs suivants :

- leurs relations internes sont floues, changeantes et peu structurées ;
- elles peuvent être étudiées sous différentes perspectives, sous différents angles, en fonction de plusieurs structures cognitives et de divers systèmes de valeurs ;
- on y retrouve rarement des relations causales simples, mais plutôt des relations de type circulaire. Il y a possibilité d'émergence d'effets pervers et de propriétés contre-intuitives qu'on ne peut déduire des propriétés des sous-ensembles qui les constituent ;
- elles imbriquent plusieurs problèmes relativement simples à première vue mais qui ne peuvent se résoudre individuellement sans affecter les autres. Elles nécessitent la participation de plusieurs acteurs. Elles présupposent la présence simultanée de plusieurs critères de performances parfois difficiles à quantifier ;

- les « problèmes » qui les caractérisent et les objectifs qu'on leur attribue font rarement l'objet d'un consensus, ceci est particulièrement vrai dans le domaine des organisations humaines ;
- les valeurs des divers acteurs impliqués sont déterminantes, ceci fait référence à un ensemble de filtres perceptifs qui nous incitent à considérer différemment un point de vue ;
- elles sont caractérisées par une variété importante de sous-ensembles possédant des fonctions spécialisées et organisées en niveaux hiérarchiques internes, qui peuvent se traduire entre autre par des niveaux d'échelles emboîtés ou des temporalités différentes.

On se situe donc pour résumer dans le domaine des systèmes ouverts, en continuelle création, auto-régulés, auto-créateurs, où la relation linéaire et causale est remplacée par l'interdépendance et la rétroaction et où d'un niveau d'organisation à un autre émergent des logiques différentes qu'il faut appréhender simultanément. Les définitions proposées laissent entrevoir plusieurs formes de complexité, ceci étant d'autant plus vrai si on traite les phénomènes sous un angle géographique. Ainsi, André Dauphiné propose quatre formes de complexité en géographie (Dauphiné, 2003) :

- la complexité structurelle due au grand nombre de composants et d'interactions entre ceux-ci, ce sera le cas dans le cadre des territoires, comme nous le verrons plus tard où se mêlent de multiples acteurs, de multiples objets ainsi que de multiples influences extérieures qui déterminent leur plus ou moins forte stabilité ;
- la complexité d'échelles et de niveaux, qui amène à ne pas étudier les mêmes éléments suivant le projet d'analyse. Il faut considérer dans ce cas que tous les éléments sont présents en permanence au sein d'un système (vision holistique), les acteurs d'un territoire donné par exemple, mais que la résolution d'un problème revient à ne considérer qu'une partie d'entre eux (vision réductionniste) ;
- la complexité due aux niveaux d'organisation, le passage d'un niveau à un autre induit l'émergence de nouvelles propriétés. Ainsi, un individu se comporte d'une certaine manière s'il est isolé ou dans un groupe ; son comportement et ses décisions peuvent être radicalement différents ;
- la complexité due au comportement imprévisible du système, une décision entraînant d'autres décisions et par cascade, une multitude de réajustements affectent le système, le faisant évoluer sans cesse avec de possibles seuils critiques au-delà desquels son équilibre global peut être affecté (Per Bak, 1999).

La complexité constitue donc un obstacle à la compréhension de ce qui nous entoure, si l'on se place du point de vue de la géographie. C'est un fait, la complexité est, elle demeure, et les moyens mis en œuvre pour l'aborder participent finalement d'une construction intellectuelle que les hommes élaborent afin de lui confier une certaine lisibilité. C'est finalement sous la forme des systèmes que la complexité trouve une formulation intelligible.

La complexité est représentée par les systèmes

Comme le note très justement Serge Soudoplatoff (Soudoplatoff, 1996), « la complexité est surtout une propriété de la représentation, et non pas un caractère intrinsèque. La conception des systèmes complexes consiste alors à élever notre capacité cognitive, plutôt que de baisser la complexité du système. Il faut alors donner un sens au système global, qui n'est plus réductible à une juxtaposition de sous-ensembles ». C'est en effet en ce sens que nous devons nous appuyer sur le concept de systèmes, afin de représenter la complexité. Comprendre le fonctionnement de ces systèmes c'est pénétrer plus avant dans la compréhension de la complexité. En nous fondant sur les trois définitions suivantes, nous disposons d'une vision assez fédératrice du concept :

- le mot système dérive du grec « systema » qui signifie « ensemble organisé ». Selon Bertalanffy (Bertalanffy, 1973), un système est « un complexe d'éléments en interaction » ;
- pour Jacques Lesourne la définition est moins restrictive (Lesourne, 1976) : « un système est un ensemble d'éléments en interaction dynamique », en faisant référence à la notion d'évolution ;
- pour de Rosnay (de Rosnay, 1975), il y a introduction d'une finalité : « un système est un ensemble d'éléments en interaction dynamique, organisés en fonction d'un but » ;
- Le Moigne (Le Moigne, 1977) le considère comme « un objet qui, dans un environnement, doté de finalités, exerce une activité et voit sa structure interne évoluer au fil du temps, sans qu'il perde pourtant son identité unique ».

Ajoutons quelques notions fondamentales de la systémique qui s'appliquent aux systèmes (de Rosnay, 1975) :

- un système est un ensemble d'éléments en interrelation, il n'a pas de matérialité, c'est une notion abstraite, cependant il y a un intérieur et un extérieur ;
- les interrelations peuvent être identifiées comme étant des boucles de rétroaction soit positives soit négatives ;
- un système est donc un tout organisé qu'il s'agit d'aborder de manière globale ;

— pour qu'un système soit identifié il faut nécessairement que sa structure se maintienne dans le temps, la vision systémique est fondamentalement dynamique ;
- le maintien de la structure du système signifie qu'il soit capable de reproduire des éléments ou des relations qui disparaissent (auto-poïèse). Un système est donc doté d'une certaine invariance organisatrice pour se maintenir et se reproduire ;
- un système complexe est caractérisé par la variété, l'asymétrie, l'hétérogénéité, la spécificité, la différenciation, l'évolution, notions qui peuvent conduire à celles de hasard, d'incertitude, de chaos ;
- un système ne peut être déconnecté de son environnement avec lequel il entretient des relations. Tout système peut être replacé dans un système plus vaste (méta-système) ;
- un système n'est pas réductible à un ensemble d'éléments en interrelations, il est plus que l'ensemble des parties.

Il découle de ces constatations que les systèmes possèdent des propriétés liées bien entendu à la complexité qu'ils sont censés décrire, notamment l'imprévisibilité du comportement à long terme, la capacité à générer des formes qui émergent à l'issue de processus complexes, c'est le cas par exemple pour l'organisation de l'espace géographique (Dauphiné, 2003). En outre, les mécanismes à l'œuvre dans le cadre des systèmes complexes laissent entrevoir trois notions :
- la compétition entre plusieurs mécanismes, souvent antagonistes. Celle-ci peut aussi laisser place à la coopération, notamment dans les systèmes sociaux à l'échelle micro-locale, où la simple proximité génère des interactions entre les éléments ;
- l'amplification des fluctuations internes, par succession de boucles de rétroactions suite à une prise de décision en aménagement par exemple ;
- les bifurcations qui apparaissent en relation avec la présence d'attracteurs qui évoluent dans le temps (en localisation et en intensité), groupe de pression, nouvel objet de l'espace géographique.

L'utilisation du concept de système, en relation avec la représentation de la complexité, a ouvert la voie à des analyses très fructueuses qui ont notamment permis de réinterpréter nombre de travaux menés par des géographes. Les nombreux principes que nous venons d'exposer ont bien entendu révolutionné la manière de considérer la façon dont évoluait l'espace géographique, en relation avec acteurs qui les animent pour finalement en faire des territoires tels que nous les proposerons par la suite.

Systémique, approche systémique et dynamique de systèmes : du paradigme aux outils

Le paradigme systémique

La base de la réflexion systémique en France et dans les sciences sociales a été posée par des chercheurs comme Bernard Walliser (Waliser, 1977), Yves Barel (Barel, 1977) ou encore Jean-Louis Le Moigne (Le Moigne, 1977), enrichie en géographie par des travaux appliqués dès la fin des années 1970 (Dauphiné, 1979) (Durand-Dastes, 1979) (Guérin, 1979) et le début des années 1980 (Auriac, 1981 et 1983), qui se sont poursuivis de manière féconde autour de la commission de Géographie Théorique et Quantitative (Guérin, 1984), et diffusés ensuite dans la discipline. Le paradigme systémique est en fait plutôt un courant de pensée transdisciplinaire dont les points communs aux différentes disciplines sont les principes d'analyse et les modes de représentation consistant à aborder un phénomène comme un ensemble organisé dont les états résultent de l'interaction dynamique des composants et de l'ensemble avec son environnement. Le paradigme systémique apparaît au XXe siècle, il vient compléter et non remplacer le paradigme analytique et mécaniste de la science classique. Selon les termes de Bertalanffy, le paradigme systémique est « une nouvelle philosophie de la nature », opposée aux lois aveugles du mécanisme, au profit d'une vision du « monde comme une grande organisation ». Cette approche permet de distinguer trois types de systèmes :

- les systèmes réels (une galaxie, un chien, une cellule) qui existent indépendamment de l'observateur ;
- les systèmes conceptuels (théories logiques, mathématiques) qui sont des constructions symboliques ;
- les systèmes abstraits (les théories expérimentales).

Ce paradigme facilite le passage d'un monde fragmenté par l'analyse cartésienne à celui des interdépendances et de la dynamique des systèmes. C'est une démarche théorique, méthodologique et pratique concernant l'étude de ce qui est reconnu complexe et qui pose des problèmes de frontières, de relations internes et externes, de structure, de propriétés émergentes et aussi de modélisation, de représentation et de simulation d'une totalité complexe. Il va s'inscrire naturellement en amont d'un certain nombre d'outils couramment utilisés en géographie, qui nécessitent d'expliciter la structure qui sous-tend le fonctionnement d'un système en le maintenant en état de fonctionner ou/et d'évoluer.

Ainsi, la dynamique soutient-elle la structure qui conditionne bien entendu cette dynamique. Un premier outil permet de représenter la structure d'un système, il s'agit de l'approche systémique, tandis qu'un deuxième permet de représenter la dynamique, il s'agit de la dynamique de système.

Figure 1.1 : Le système pour aborder la complexité et produire des informations

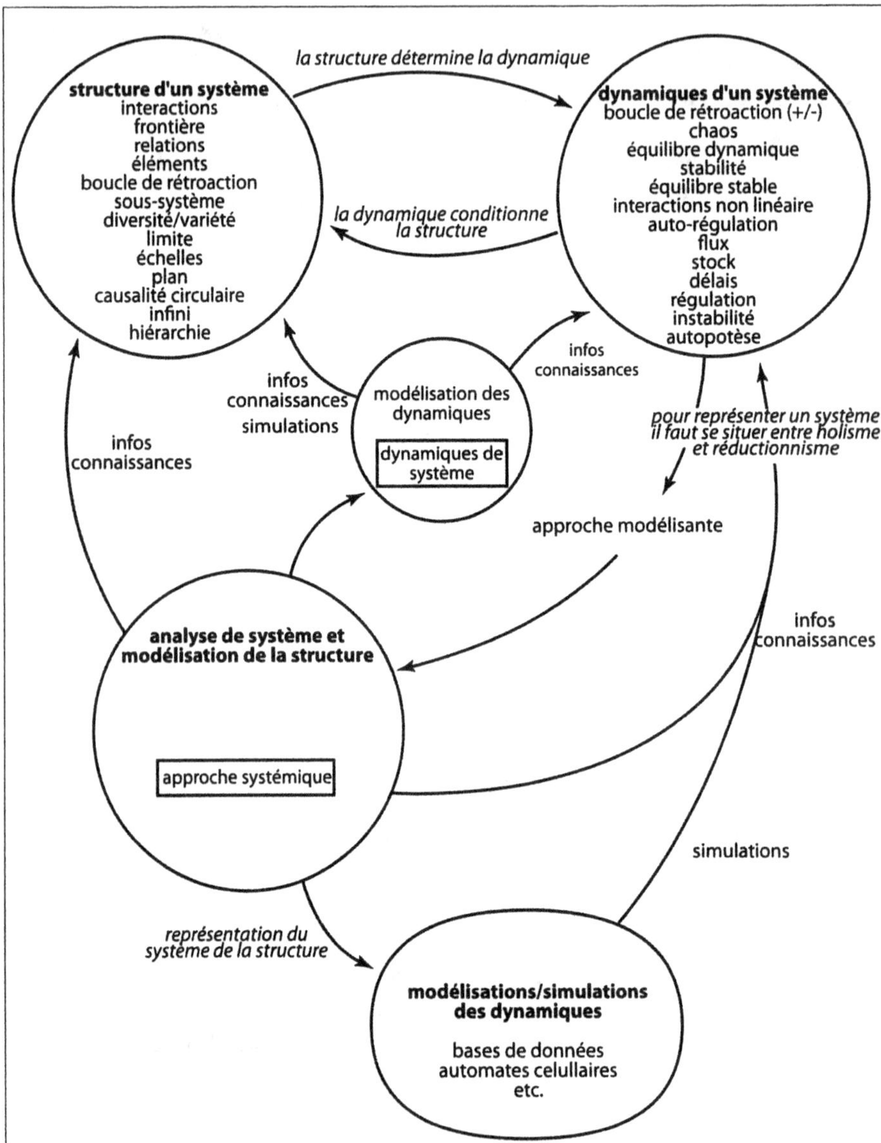

Les deux approches s'articulent (Fig. 1.1) afin de produire des informations fondées sur la connaissance de la structure du système (éléments et relations) et de ses dynamiques (les éléments et les relations sont transformés en stocks et en flux), notamment sur la base de simulations.

L'approche systémique pour représenter la complexité

Ainsi, au-delà du paradigme systémique, la prise en compte de la complexité nécessite la mise en place d'outils. En effet, comme le précise Dominique Génelot, « pour agir nous avons besoin de nous représenter les situations, de communiquer. Comment faire pour représenter une réalité incertaine, incomplète, chaotique ? » (Génelot, 1998). C'est en réponse à ce questionnement que s'est développée l'approche systémique. Il s'agit d'une démarche théorique, méthodologique et pratique concernant l'étude de ce qui est reconnu complexe et qui pose des problèmes de frontières, de relations internes et externes, de structure de loi ou de propriétés émergentes, mais aussi des problèmes de modélisation, de représentation, de simulation d'une totalité complexe.

L'approche systémique telle qu'elle est couramment pratiquée, se situe alors entre le holisme (le tout domine les parties) et le réductionnisme (les éléments sont premiers et ont leurs caractéristiques, ils ont leurs lois et on essaie de comprendre ce qui les relie). Il s'agit donc de pratiquer une approche globale, qui va être « limitée » par l'identification des frontières du système étudié (on ne peut pas prendre en compte tous les sous-systèmes et éléments d'un système), au sein de laquelle une approche descendante permet de désagréger successivement des sous-systèmes jusqu'au degré requis par la problématique abordée. Lorsqu'un sous-système est identifié, mais son contenu est difficilement interprétable, on le considère comme une boite noire (on en connaît les variables d'entrées, les variables de sortie, mais on ignore comment s'effectue la transformation en interne).

La structure du système est donc primordiale, elle renvoie à un ordre du système. À ce titre, l'approche systémique est très opérationnelle lorsqu'il s'agit de comprendre et de représenter les interactions qui lient les acteurs d'un territoire, par exemple. On distingue en général trois étapes lors de l'utilisation de l'approche systémique afin de résoudre un problème identifié, liées entre elles par de nombreux allers et retours :

- on pose tout d'abord les frontières du système de manière à ne prendre en compte que les sous-systèmes et éléments indispensables à la résolution de la problématique donnée. À ce moment on distinguera trois niveaux dans le système, l'espace des relations apparaissant comme interne au système (le système d'une ville dans son fonctionnement interne), l'espace des relations que le système entretient avec son environnement proche (les collectivités locales, les villes de proximité en fonction de leur rang, etc.), et enfin l'environnement dans son sens large (l'État français, le monde). Cette définition des limites résulte d'un choix que fait le chercheur, permettant de situer le système à un palier particulier à l'intérieur d'une série de niveaux. Le système ainsi délimité fait en même temps partie d'un ensemble plus englobant, tout en étant lui-même un ensemble plus grand que ses sous-systèmes ;

- on désagrège ensuite les différents sous-systèmes identifiés, dans le cadre d'une approche descendante, et cela autant de fois qu'il sera nécessaire. À chaque étape, on identifie donc de nouveaux éléments constitutifs du système étudié, jusqu'à obtention des variables utiles à la résolution de la problématique posée ;
- on représente sous forme de graphe causal, les relations entre les sous-systèmes emboîtés et entre les éléments constitutifs identifiés lors de l'approche descendante ;
- on identifie les boucles de rétroaction positives ou négatives qui apparaissent dans le système et qui sont souvent à la base de dysfonctionnements qu'il s'agit de résoudre.

Cependant, il demeure une limite dans cette approche, la prise en compte de l'espace, du fait de l'extrême complexité des interactions entre organisation fonctionnelle et structuration spatiale (Voiron-Canicio, 1993), ce que nous appellerons par la suite système de relations autour de la gouvernance d'un territoire et espace géographique. Les deux sous-systèmes sont très souvent dissociés, on s'interroge ainsi plus sur les résultats, l'organisation de l'espace géographique, que sur les mécanismes complexes qui sous-tendent cette organisation, c'est-à-dire les relations entre une multitude d'acteurs. Par ailleurs, si la prise en compte du temps, est possible, de manière discrète, en représentant un système à différentes dates qui paraissent clés (on parlera de systémogénèse d'un système spatial par exemple), elle pose par contre des problèmes dans une représentation continue des phénomènes, que nous n'aborderons pas ici.

Chapitre 2

LE TERRITOIRE AU CŒUR DE LA GÉOGRAPHIE : UN SYSTÈME COMPLEXE

Pourquoi revenir sur une définition du territoire ?

Le territoire est aujourd'hui au cœur des préoccupations des scientifiques, des politiques, mais également des acteurs économiques. Les géographes n'ont pas été les seuls à s'approprier cette notion, cependant ils ont fait de l'espace leur entrée principale, ce qui les distingue leur approche de celle des économistes ou des sociologues. Une question se pose : pourquoi le concept de territoire est-il tant utilisé, en géographie, dans des sciences connexes et plus globalement en relation avec l'aménagement de l'espace et les différents acteurs qui en ont la charge ? Cela procède de quatre logiques combinées :

- Une logique d'aménagement propre à la France. En effet, dans les années 1960-1970 durant lesquelles un aménagement du territoire, très conquérant, s'est développé, l'État en occupant une position majeure, a créé une réelle distance entre l'échelle de planification, l'échelle nationale et le développement local. Dès lors, des tentatives de prise en compte des besoins locaux émergent, autour des Programmes d'Action Régionaux[1] par exemple, puis au travers des politiques rurales[2], mais la pyramide administrative peine à faire remonter les expériences locales et surtout à adapter les politiques. Les années 1980 et la décentralisation entraînent une focalisation sur les différents échelons issus de la décentralisation, substituant à la

[1] Les P.A.R ont été mis en place par décret en 1955, ils visaient à « promouvoir l'expansion économique et sociale des différentes régions et, en particulier, de celles qui souffraient de sous-emploi ou d'un développement économique insuffisant ».

[2] Notamment les Plans d'Aménagement Ruraux mis en place à partir de 1970, mettant en place une planification micro-régionale.

notion de territoire encore floue, celle de collectivités territoriales, qui isole à la fois dans les pratiques et les représentations (Brunet, 1990). Ce n'est qu'à la fin des années 1990 avec la mise en place de la Loi d'Orientation, d'Aménagement et de Développement Durable du Territoire (LOADDT 99) dite « Loi Voynet », que le territoire est reconnu à travers sa fonction fédératrice des acteurs locaux et des institutions. La Loi prévoit que ces territoires de projet pourront s'interpénétrer, qu'ils pourront dépasser les limites des collectivités territoriales qui corsetaient jusqu'à présent des territoires qui étouffaient sous le joug de limites souvent décalées par rapport aux réalités locales. Dès lors les territoires montrent que localement il existe des systèmes d'acteurs dont les interrelations étroites permettent de conserver une relative stabilité aux systèmes territoriaux existants. On ne fait alors que rendre lisibles des phénomènes à l'œuvre depuis toujours, souvent de manière spontanée, comme les Systèmes Productifs Localisés (SPL).

– Une logique liée au besoin de conserver un lien, dans le cadre d'un monde global où les repères s'estompent vis-à-vis du quotidien, les acteurs que l'on connaît, l'espace au sein duquel on évolue. Ceci correspond par ailleurs sociologiquement à un repli à l'échelle du ménage, sur des valeurs quelques fois anciennes, et spatialement sur le logement. Éclatement des lieux, des fonctions, multiplication des possibilités de contact, mais parallèlement marasme économique, conflits, incertitudes dus à la montée des extrémismes, dérèglement climatique et multiplication des informations souvent dramatiques en provenance de tous les points du globe, déterminent un besoin de retrouver un cadre de vie maîtrisé, connu, au sein duquel les acteurs sont identifiés. Le territoire est alors vécu comme une sorte de retour à la matrice originelle, le lieu d'où l'on est, pas forcément celui où l'on naît, mais dans tous les cas celui où l'on vit et où l'on crée les liens qui placent le système familial en équilibre au sein d'un système local.

– Une logique liée à la complexité du monde qui nous entoure, de l'échelle locale à l'échelle régionale. Les différents acteurs pressentent cette complexité, ils peinent à la nommer, parlent plutôt de complication, considèrent avec perplexité l'infinité de relations qui lient les acteurs, les objets de l'espace géographique, la multitude de boucles de rétroaction qui font évoluer des systèmes imbriqués aux limites floues. Dès lors comment caractériser cet environnement qui paraît imprécis, au sein duquel rien n'est dénombrable, où les situations complexes plongent les acteurs dans une incertitude profonde quant aux décisions à prendre et à leurs multiples conséquences ? Actuellement, le plus simple consiste encore à y attacher un concept dont la définition est tout à la fois précise et suffisamment vague pour faire consensus. Cela peut-être utile, car il n'y a rien à gagner à sur-valoriser certains territoires, notamment les collectivités territoriales, à qui l'on demande avant toute chose de bien gérer les affaires quelles ont en charge dans l'espace qui correspond à leurs prérogatives.

- Enfin, une logique liée à la discipline même de la géographie, au sein de laquelle les anciens découpages thématiques sont progressivement abandonnés, au profit d'une approche phénoménologique. Ce positionnement montre que l'observation du résultat d'un certain nombre de phénomènes doit s'accompagner d'une compréhension des mécanismes qui les produisent et surtout du rôle des acteurs, à la fois dans le temps, mais également à différents niveaux d'échelles.

Et ainsi, petit à petit tout devient territoire, le concept se généralise, à en devenir polysémique. Le territoire est tout puisqu'il recouvre une complexité qui demeure difficile à saisir, à cerner (Lévy et Lussault, 2003). Véritable fourre-tout, ses limites floues, mieux, l'absence de limites précises, jouent en sa faveur en terme d'aménagement du territoire, à une époque où il ne paraît pas crédible de créer de nouveaux échelons de gestion, mais où malgré tout il s'avère indispensable de créer de nouveaux « espaces » de concertation. Les territoires sont donc là pour pallier une réelle difficulté à comprendre la réalité qui nous entoure. Il s'agit donc d'ouvrir la boîte noire, de rendre intelligible une partie des sous-systèmes qui la compose, afin de clarifier quelques concepts clés, étroitement liés bien que leurs définitions laissent à penser quelques fois qu'ils sont redondants[3] ! En effet, ceux-ci doivent être opératoires, ils doivent permettre de se comprendre, de résoudre des problématiques d'aménagement ; ils doivent également par leur précision, guider des processus méthodologiques qui demeurent aujourd'hui difficiles à interpréter.

D'une savante polysémie autour du territoire se dégagent trois entrées

Le territoire est l'objet de toutes les attentions depuis une vingtaine d'années, parce qu'il est au centre des représentations que nous nous faisons de la complexité qui nous entoure, à savoir l'espace ; mais le terme est trop

[3] Certaines définitions des concepts de territoire et d'espace géographique sont très proches :

- « L'espace géographique est l'étendue terrestre utilisée et aménagée par les sociétés en vue de leur reproduction, non seulement pour se nourrir et s'abriter, mais dans toute la complexité des actes sociaux », Brunet (R.), Ferras (R.), Théry (H.), *Les mots de la Géographie*, 1993

- « Le territoire est la portion de surface terrestre appropriée par un groupe social pour assurer sa production et la satisfaction de ses besoins vitaux », Le Berre (M.), *Encyclopédie de Géographie*, 1992.

neutre pour caractériser ce que nous pressentons comme étant plus élaboré. Le territoire s'y est substitué doucement en conférant plus d'épaisseur à ce que l'on pourrait aussi nommer environnement, c'est-à-dire ce qui nous entoure dans une acception très globale, mêlant à la fois milieu physique, naturel et aménagé. Mais subtilement, le territoire s'avère être beaucoup plus que l'espace, l'environnement, ou les hommes qui le peuplent et se l'approprient. Les définitions finissent par se chevaucher, l'espace est géographique, le territoire est espace géographique, le milieu est tout cela mais un peu moins, l'homme y est souvent agent plus qu'acteur et la plupart du temps les approches isolent ce qui relève de l'organisation de l'espace (espace géographique) et ce qui relève des acteurs. Comme le précise Romain Lajarge (Lajarge, 2000), « le territoire n'est pas un objet neutre décidé dans l'abstraction et déconnecté du réel. Il est avant tout bricolé par les acteurs en fonction d'un grand nombre de paramètres en permanente mutation ». Cette idée est intéressante et replace bien l'enjeu que représente le territoire tant par l'idée de complexité qui en émane, que par l'impression d'impuissance face à celle-ci. Au travers des nombreuses publications qui traitent soit directement du territoire, soit qui en replacent l'utilisation par rapport à un cadre thématique défini (développement d'une activité, déplacements, etc.), il est possible de définir trois entrées pour comprendre progressivement sur quoi repose le concept de territoire.

Tout d'abord, il y a de l'espace dans le territoire, on peut même affirmer que la référence spatiale y est centrale. Mais il s'agit de nuancer l'entrée qui consiste d'emblée à qualifier le territoire par l'espace (Maigrot, 1999) (Brunet *et al.*, 1992) (Frémont, 1976) (Pumain, 1997), dont il est quelque fois un quasi-synonyme, ou par la matérialisation de l'étendue d'un pouvoir (Micoud, 2000). Pour Di Méo, qui semblerait se situer à l'interface de ces deux tendances, le territoire « témoigne d'une appropriation à la fois économique, idéologique et politique de l'espace par des groupes qui se donnent une représentation particulière d'eux-mêmes, de leur histoire, de leur singularité » (Di Méo, 1998). Selon cet auteur, le territoire repose donc sur l'existence d'un espace social et d'un espace vécu. Yvette Veyret, ajoute quant à elle que le territoire repose sur le socle (nous dirons sous-système comme nous le verrons plus loin) de l'espace géographique aménagé (Veyret, 2003). Le territoire est en fait tout cela, et plus que tout cela à la fois, selon les principes liés à l'existence d'un système[4]. Roger Brunet ajoute d'ailleurs après avoir qualifié le territoire d'espace approprié (...), qu'il est autre chose que l'espace (Brunet, 1992), et il est possible de lui associer des représentations, et une socialisation (Badie, 1995). Que de facettes peuvent être donc attribuées au territoire, qui ne peut être réduit à « désigner une grande famille d'espaces (...) » (Lévy, 2003). On pose en effet souvent le

[4] Le tout est plus que la somme de ses parties ou un système est plus que la somme de ses sous-systèmes.

cadre du territoire, « que l'on remplit ensuite par un construit dénommé territoire » comme le précise Bernard Elissalde (Elissalde, 2002). Mais ce construit, recouvre des aspects tellement disparates qu'il est alors difficile de comprendre ce qu'il est réellement. De l'espace vécu à l'espace perçu, en passant par les sentiments d'appartenance au travers du film du passé ; des relations humaines entretenues dans un cadre local qui va de l'immeuble au quartier en passant par les multiples réseaux de connaissance, la coquille se remplit mais ne donne pas toujours quelque chose de cohérent que l'on puisse proposer à l'interprétation. L'analyse des « territoires de vie » nous plonge dans la complexité de leur construction au cours de l'histoire, autour du social, du politique et du psychologique.

L'entrée par l'espace s'appuie donc inévitablement sur l'appropriation qui en est faite par des groupes d'individus, enfermant ainsi le territoire dans des limites assez rigides, bien que de plus en plus mouvantes, autour d'une infinité de lieux (Sack, 1986 et 1997). Ainsi, les Anglo-Saxons s'appuient sur le terme de lieu « the place » (Sack, 1977), (Entrikin, 1991) (Berdoulay et Entrikin, 1998) qui paraît alors totalement synonyme de territoire. En France, la construction du territoire est alors dominée par le rôle de l'État qui selon P. et G. Pinchemel (Pinchemel, 1997) « contrôle, maintient son intégrité (...) exerce une autorité, une compétence », l'étendue du territoire définissant alors le « champ d'application du pouvoir ». Nombre de définitions relatives au territoire, ou d'emplois du terme, se fondent sur cette notion de propriété, d'administration, qui assure un contrôle, une gestion d'un espace très clairement délimité. La décentralisation a ainsi engendré de « nouveaux territoires », tandis qu'émergeaient les territoires mouvants des intercommunalités, et bientôt ceux des projets au travers des « Pays ».

Mais, comme nous venons de le voir, le territoire présente une double nature, à la fois matérielle et il s'agit de faire référence alors à l'espace géographique, sous-système du territoire, et symbolique ou idéelle, en relation cette fois avec les systèmes de représentation qui guident les sociétés dans l'appréhension qu'elles ont de leur « environnement ». Ainsi comme le souligne C. Raffestin (Raffestin, 1986), « le territoire est une réordination de l'espace (...). Le territoire peut être considéré comme de l'espace informé par la sémiosphère ». Comme le précise G. Di Méo (Di Méo, 1998), le territoire est souvent abstrait, idéel, vécu et ressenti plus que visuellement repéré ». Cette deuxième entrée fait donc référence aux processus d'organisation territoriale qui doivent selon C. Raffestin, s'analyser à deux niveaux : celui qui résulte de l'action des sociétés (ce que nous appellerons l'espace géographique), et également celui qui résulte des systèmes de représentation (Cunha, 1988). Au travers du vécu, du perçu, et des multiples filtres qui nuancent la perception que l'on a d'un paysage, d'une organisation spatiale, de notre voisin, nous donnons un sens aux territoires (Foucher, 1995), notamment par la combinaison de caractéristiques issues d'un « processus de synthèse intégrative » (Mucchieli, 1986). L'espace et tout ce qui peut s'y rattacher est ainsi petit à petit reconstruit et transformé sur la base de faits idéologiques et historiques pour produire ce que certains appellent « un » territoire. Mais il s'agit aussi d'ancrer le territoire dans le temps présent : en effet, comme le proposent F. Poulle et Y. Gorgeu (Poulle et Gorgeu, 1997), « le sentiment d'appartenance n'est pas un héritage du passé mais l'adhésion à un projet ». Lorsqu'il y a territoire, l'appropriation est en fait aussi importante que l'action locale, les deux phénomènes étant intimement liés et carrément indissociables, puisque « c'est le lieu de constitution d'une société historique et d'une possibilité de vivre ensemble » (Biarez, 1996), ouvrant ainsi vers les systèmes d'acteurs qui sous-tendent les territoires et représentent l'espace de vie.

Il manque en effet une troisième entrée, souvent mentionnée mais rarement abordée de manière systémique, en relation avec les deux premières (l'espace géographique et les représentations que l'on fait de cet espace), celle des acteurs qui font le territoire. Elle est caractérisée par les interrelations multiples qui lient ceux qui décident, perçoivent, s'entre aperçoivent, s'opposent, s'allient et finalement aménagent. Cette dimension est essentielle, et Bernard Debarbieux déclare à ce propos que « le monde est institué par les individus en fonction de leurs actions et de leurs intentions » (Debarbieux, 1999). Comme le souligne alors P. D'Aquino (D'Aquino, 2002), « la référence du territoire n'est alors pas dans sa limite, mais dans la proximité spatiale. Mais il faut faire attention à ne pas se noyer dans la complexité du sous-système qui apparaît alors. Il est impossible de prendre en compte tous les acteurs, sachant que tous entretiennent des rapports individuels aux lieux. Il faut alors privilégier cinq catégories d'acteurs[5] qui se sont partiellement isolés les uns des autres et qu'il faut aujourd'hui absolument réunir au sein de l'action territoriale :

- L'État qui influence par ses politiques, à la fois les collectivités territoriales, la société civile et les citoyens ;
- les collectivités territoriales au sein desquelles s'exprime le monde politique à une échelle régionale et locale ;
- la société civile et ses multiples groupes lorsqu'ils souhaitent modifier leur environnement et disposent pour cela d'un rôle effectif ou potentiel notoire (Vaivre, 2002) ;
- les intercommunalités dont le rôle ne cesse de s'affirmer en position intermédiaire entre l'échelon communal et les échelons supérieurs (département et région) ;

---

[5] En 1982, dans le cadre du colloque Géopoint 82 portant sur les territoires de la vie quotidienne, Roger Brunet notait les convergences d'intérêt de trois ou quatre acteurs dans le cadre des Pays : l'État, la société civile et les entreprises, plaçant les individus en quatrième position.

– les entreprises dont le développement amène à saisir les opportunités qui s'offrent à elles, notamment vis-à-vis de l'espace géographique au sein duquel elles évoluent.

La référence au paradigme systémique permet alors de conserver au concept de territoire une transdisciplinarité, qui doit être aujourd'hui totalement affirmée. N'oublions pas les définitions premières autour du territoire animal, espace marqué (entre autres moyens olfactivement) sous domination, au sein duquel des relations hiérarchiques très nettes soumettent à la loi du plus fort (Di Méo, 1998). Ce territoire-là repose sur un jeu de relations où la force est loi et l'assujettissement à la loi du plus fort, totale. Aujourd'hui les territoires dont on parle et que l'on utilise de manière opératoire, notamment dans les sciences sociales, dépassent largement cette définition. Ainsi, d'autres disciplines utilisent le concept de territoire (Lévy, 2000) (Di Méo, 1998b) (Pecqueur, 1996) (Poche, 1996), et d'autres encore s'appuient sur le concept de territoire par le biais de la notion de système (Prélaz-Droux, 1995) (Rolland-May, 2000) (Le Berre, 1992).

Le territoire est avant tout un système

Le territoire est donc un système, et pourtant, il n'est jamais véritablement défini comme tel, même si certaines approches le sous-entendent (Le Berre, 1992). Le territoire doit aujourd'hui être abordé de manière globale, tant la recherche de consensus est nécessaire à toutes les étapes de son aménagement, de son observation et de son utilisation. Les outils mis en œuvre à l'heure actuelle doivent intégrer sa diversification et sa complexification en coordonnant notamment les dimensions sociales, politiques, économiques et environnementales, en considérant tous les usages, sur la base d'une participation de plus en plus active de la population. Pour « rehausser notre compréhension des mécanismes de régulation systémique du territoire et de son développement » comme le proposent R. Prélaz-Droux et M. Thériault (Prélaz-Droux et Thériault, 2001), il faut asseoir la définition du territoire que nous proposons sur une solide méthodologie que le paradigme systémique nous offre par ailleurs.

Ainsi, comme un système, le territoire est une construction intellectuelle (Lemoigne, 1984) mouvante, évolutive, floue, dont les caractéristiques correspondent totalement à celles que l'on peut attribuer plus globalement au principe de complexité (de Rosnay, 1975) :

– une grande variété de composants possédant des fonctions spécialisées, les multiples acteurs, les objets du territoire qu'ils créent, utilisent et gèrent ;
– des éléments organisés en niveaux hiérarchiques internes, souvent déterminés par le cadre législatif, bien que d'autres formes de

hiérarchisation puissent apparaître comme celles qui dominent les systèmes économiques de la simple entreprise à la holding ;

– des interactions non-linéaires, fondées notamment sur les multiples choix potentiels des acteurs présents sur un territoire ;
– une importante difficulté, voire une impossibilité, de dénombrer de façon exhaustive les éléments qui le constituent ;
– une grande variété de liaisons possibles ;
– des limites floues, puisqu'en dehors des mailles administratives connues qui permettent de limiter spatialement le système, certains territoires ne présentent pas de limites arrêtées avec précision (le territoire horloger dans le Doubs ou plus généralement les Systèmes Productifs Localisés).

C'est un tout, composé de sous-systèmes, d'éléments, et surtout de relations multiples, notamment des boucles de rétroaction positives ou négatives, qui évoluent dans le temps et surtout dans l'espace. En effet, une boucle de rétroaction domine, celle qui lie deux sous-systèmes essentiels : celui de l'espace géographique et celui du système social des acteurs, qui maintiennent alors le système en équilibre. Roger Brunet écrit que « le territoire tient à la « projection » sur un espace donné des structures spécifiques d'un groupe humain, qui incluent le mode de découpage et de gestion de l'espace, l'aménagement de cet espace. Il contribue en retour à fonder cette spécificité, à conforter le sentiment d'appartenance (...) ». On parle ainsi souvent de territoire vécu, au sens bien entendu de l'espace approprié qui est sous-jacent à la plupart des définitions comme nous l'avons déjà vu, mais aussi des multiples acteurs qui le composent. Nous pensons que le territoire est vécu, non pas seulement sous l'angle de cet espace, mais comme un système au sein duquel nous évoluons ; nous vivons donc le territoire, dans le sens plus englobant où nous l'influençons tout autant qu'il nous influence. Le territoire, c'est donc entre autre sous-système, un espace organisé, aménagé, le produit des interrelations entre les acteurs, donc de l'espace géographique. L'espace géographique par contre, n'est pas le territoire, mais il est un sous-système du territoire[6]. Ceci nous amène à penser que le territoire, si souvent enfermé dans des mailles en tant qu'espace approprié, pourrait bien s'en échapper en partie en tant que système, et s'apparenter à ce que Roger Brunet appelle le géon (Brunet 2001). Ceci implique qu'il n'y ait pas de commandement d'un lieu sur l'autre (principe des systèmes et des sous-systèmes non hiérachisés), que les marges d'un territoire soient moins intégrées à son centre, qu'il puisse relever de plusieurs mailles du niveau supérieur, et ainsi disposer de limites floues, changeantes, voire même comporter des vides.

[6] « L'espace géographique est l'étendue terrestre utilisée et aménagée par les sociétés en vue de leur reproduction (...) il comprend l'ensemble des lieux et de leurs relations », *Les mots de la géographie* pp. 193-194.

Ainsi, les trois entrées du territoire que nous avions mentionnées, constituent-elles en fin de compte trois sous-systèmes en interrelation, qui évoluent dans le temps, dans le cadre d'une boucle ininterrompue fondée sur des principes de construction/déconstruction. Les relations sont nombreuses, elles se créent, évoluent et disparaissent sans cesse, selon des principes de « ductilité », un système fonctionne malgré la disparition de certaines relations, et de « labilité », des relations apparaissent et disparaissent sans cesse (Leresche, 1997).

Ces trois sous-systèmes sont les suivants (Fig. 2.1) :

- l'espace géographique, approprié par l'homme, aménagé, et au sein duquel apparaissent des organisations spatiales et de multiples interactions fondées sur les interrelations entre les sous-systèmes qui le composent (naturel, anthropisé, social et institutionnalisé), qui reflètent le jeu des acteurs par les objets qu'ils produisent ;
- le système des représentations de l'espace géographique, ensemble de filtres (individuel, idéologique, sociétal et lié aux modes) qui influence les acteurs dans leurs prises de décisions, et les individus, dans l'ensemble de leurs choix, selon deux temps :
    - lors de l'observation de ce qu'est l'espace géographique ;
    - lors de la projection de ce que sera l'espace géographique après le choix d'une action ;
- le système des acteurs (anthroposphère) qui agissent consciemment ou inconsciemment sur l'espace géographique, influencés par leurs filtres, et suivant leur position au sein de ce système.

Les espaces et leurs dynamiques sont donc fondamentalement au cœur de la géographie, comme le précise Michel Lussault (Lussault, 2002), « l'espace dans toutes ses manifestations est un ingrédient indispensable à la visibilité, à la lisibilité et donc à la compréhension des choses ». Cependant, pour être opérationnelle, cette géographie ne peut ni ne doit oublier ceux qui font et défont ces organisations et par qui les interactions se produisent : les acteurs, replacés au centre des territoires et constitués en un écheveau complexe d'interrelations, vivant, produisant, percevant et utilisant l'espace géographique pour constituer des territoires au sein desquels se déploient de multiples enjeux. On a trop souvent limité les investigations à des analyses sur l'organisation de l'espace, sans se pencher sur l'intentionnalité des acteurs, qui confère alors une tout autre dimension à la première observation. Si un équipement est localisé précisément à un endroit, ce n'est pas forcément en relation avec une loi d'organisation spatiale reconnue par la communauté scientifique, mais tout simplement parce qu'un acteur politique influant, ou plus raisonnablement un groupe d'acteur, l'a souhaité en dehors de toute « rationalité » scientifique.

Figure 2.1 : Trois sous-systèmes qui animent les territoires

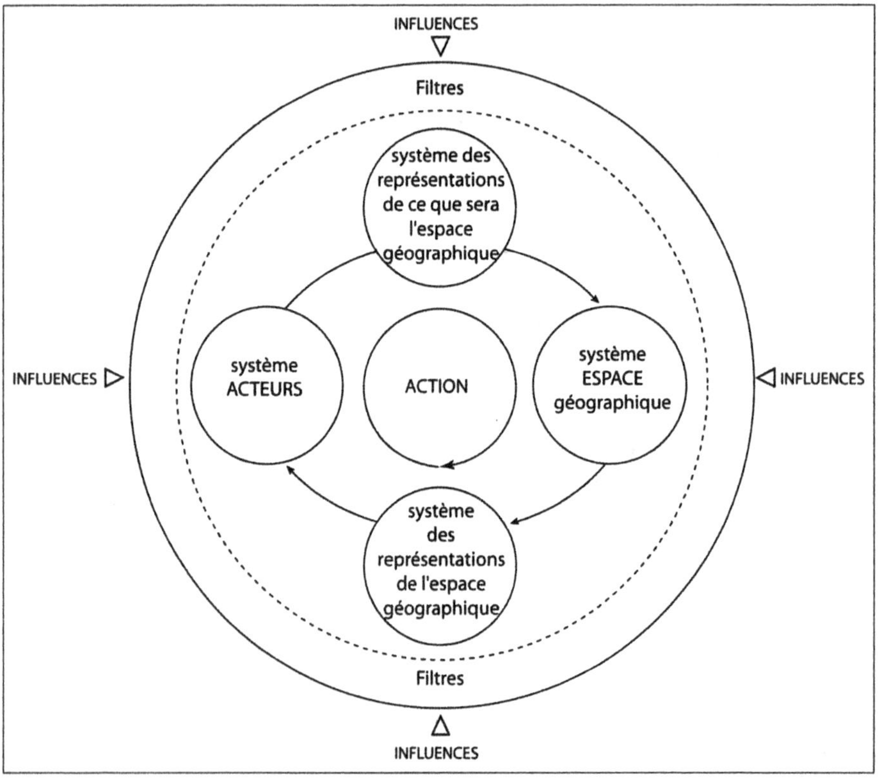

Alors peut-on fabriquer un territoire ? Non, tout comme il peut apparaître illusoire de fabriquer un système. Un territoire est issu d'une construction lente, complexe, appuyée sur une multitude d'acteurs rendant de ce fait impossible une construction *ex-nihilo* (Fig. 2.2). On se situe clairement dans le domaine de l'autopoïèse. Ainsi, tout au plus, peut-on assister à une transformation guidée du territoire, à l'émergence de nouvelles identités, qui elles, seront fabriquées, intégrées dans la variété du système. Dans cet ordre d'idée, un territoire ne meurt jamais, il évolue, se transforme, subit des influences quelque fois telles qu'une bifurcation du système en découle. Si un acteur, un élément disparaît, il est aussitôt remplacé par un autre, sinon son absence est compensée par l'adaptation des autres acteurs ou éléments, à cette disparition, conservant ainsi sa stabilité au système, selon des principes homéostatiques[7]. À l'inverse si des acteurs apparaissent, de multiples relations se nouent, leur présence induit des modifications dans les relations existantes et l'équilibre global du système s'en trouve modifié.

Le système ainsi constitué se maintient dans le temps ; en son sein, les acteurs individuels ou collectifs disposent, selon J. Lévy, « d'une marge de manœuvre plus ou moins forte dont ils usent pour produire des finalités contradictoires, elles aussi produites par des représentations et des actions antérieures, qui contribuent à mettre en mouvement, dans la rugosité et la viscosité, la société toute entière et à la rendre différente à la fois de ce que les acteurs en voulaient faire, et de ce qu'elle était précédemment ».

Le territoire est plus qu'un espace approprié, il est agit

Il faut replacer les acteurs dans les systèmes qu'ils élaborent afin de leur permettre, comme l'a décrit Roger Brunet (Brunet, 2001), de s'approprier des espaces, d'habiter, d'échanger et d'exploiter dans les meilleures conditions qui soient et surtout, de manière cohérente. Ces systèmes d'acteurs permettent de gérer, et, à travers cette action, de maintenir la stabilité du système au sein duquel ils agissent.

Il faut ainsi être capable de comprendre les jeux spatialisés des acteurs pour comprendre les processus qui guident l'évolution de l'espace géographique. La répartition des objets (habitat, maillage, treillage, travail spatialisé, population[8]) résulte donc des multiples activités des acteurs (habiter, échanger, exploiter, s'approprier) ; mais également du milieu naturel dans lequel ils évoluent. Sans acteur, l'habitat n'est qu'un objet ; habité, il prend un sens qui finalement permet de comprendre les ségrégations, les stratégies résidentielles etc. Habiter peut ainsi prendre deux sens :

---

[7] Rappelons qu'un système homéostatique « est un système ouvert (une entreprise, une grande organisation, une cellule) maintenant sa structure et ses fonctions par l'intermédiaire d'une multiplicité d'équilibres dynamiques », de Rosnay, *Le macroscope. Vers une vision globale*, 1975, 128 p.

[8] Il s'agit dans ce cas des hommes répartis à la surface de la terre, produisant des densités, des hiérarchies, des flux, mais aussi des différences (ségrégations par les classes sociales, les revenus, etc.).

Figure 2.2 : Le système territoire : un ensemble de sous-systèmes en interrelation

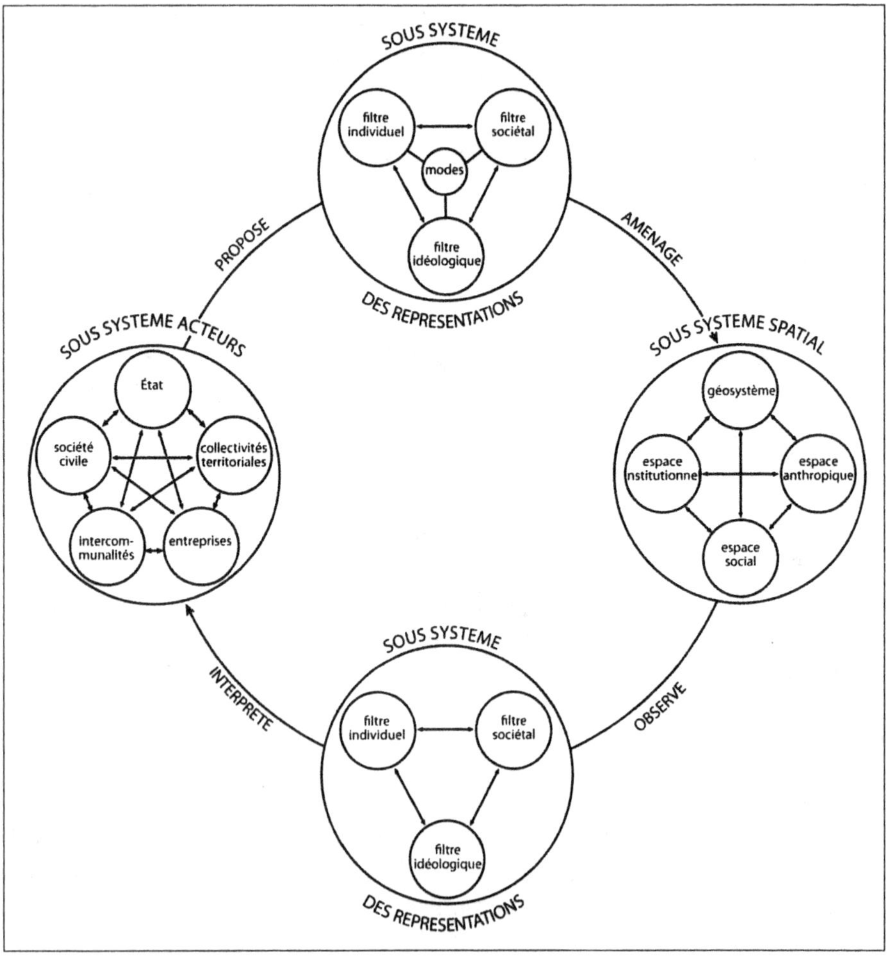

– il s'agit d'un choix (qui précède donc le résultat), on étudiera alors les déterminants du choix, c'est-à-dire le processus qui amène au résultat qui est l'organisation de l'espace géographique ;
– il s'agit d'un résultat, on observera alors les caractéristiques de l'habitant comme un objet.

L'espace géographique peut alors être « réduit » à l'espace physique comme support, et aux objets qui lui confèrent son statut, les relations entre les lieux, n'apparaissant alors qu'au travers du jeu des acteurs et de leurs multiples choix. En effet, les lieux n'entretiennent pas de relations entre eux si ce n'est celles, topologiques, qui consistent à en donner une lecture relative. Par contre les objets de l'espace géographique entretiennent des relations avec les lieux et bien entendu entre eux, par l'intermédiaire des acteurs. Ainsi tel ou tel service attractif, tel ou tel réseau important, attirera des activités, des populations et donc de nouveaux services. L'espace naturel et les objets anthropiques produisent donc des effets sur les organisations d'acteurs et vice-versa, la localisation des uns et des autres impliquant un projet fondé sur un enchevêtrement de relations. Il en découle une sorte d'autonomisation spatiale du local (objets et acteurs) qui correspond finalement au territoire. Ainsi, la notion de territoire ne doit pas se réduire à celle d'appropriation. Elle est en fait beaucoup plus que cela, un système d'acteurs en tension, c'est-à-dire en équilibre autour des actes élémentaires déjà cités.

Aujourd'hui, gérer un territoire ne s'inscrit pas forcément dans un rapport de force conflictuel, mais plus souvent dans un rapport de force constructif au sein duquel de plus en plus d'acteurs ont la capacité de s'exprimer. L'ensemble des acteurs qui composent le sous-système agissant du territoire « constitue une configuration sociale dynamique qui permet de replacer l'individu dans la société, sans l'y opposer » (Elias, 1981). Les acteurs agissent alors dans le cadre de systèmes au sein desquels les interactions sont multiples et difficiles à dénombrer. Ils agissent en fonction de règles et de codes et ont un rôle limitant les uns par rapport aux autres, produisant ainsi une relative stabilité, placée au centre d'oscillations finalement minimes. Le produit de ces interrelations peut être dénommé gouvernance.

Les systèmes d'acteurs produisent les territoires autour de la gouvernance

Si on reprend la boucle de rétroaction de l'aménagement, le système d'acteurs (acteurs politiques, société civile, citoyens) s'approprie de l'espace, naturel, anthropisé, pour finalement produire un espace politique gouverné ou institutionnalisé au sein duquel on reconnaît l'existence d'un « ensemble d'actions ou de pratiques organisées de façon stable et reconnues par tous, comme un champ de relations sociales convergentes et légitimées » (D'Aquino, 2002). Le territoire est alors multidimensionnel, il évolue dans le temps et participe de plusieurs ordres :

- il relève de la matérialité, c'est ce que nous appelons soit l'espace naturel ou physique, lorsqu'on fait abstraction des aménagements anthropiques, soit l'espace géographique lorsqu'on prend en compte les aménagements ;
- il est approprié, suivant la conscience que chacun s'en fait au travers notamment de la perception et du vécu qu'il en a, mais aussi de l'usage qu'il en fait ;
- il correspond aux représentations collectives, sociales et culturelles fondées sur des modes, des a priori, un ensemble de perceptions éminemment floues, mais néanmoins souvent lourdes de sens non perçu ;
- il est enfin ce que certains acteurs veulent ou souhaitent qu'il devienne au gré des aménagements qui ne cessent d'être envisagés de manière quelquefois contradictoire, idéal projeté ou tout simplement anticipation d'un devenir souvent imprécis.

L'institution collective qui émerge alors, se distingue de l'État ; elle repose sur un pouvoir politique local fait d'une étroite imbrication entre structures et comportements centraux, leaders et groupes hétérogènes (Biarez, 1996), et met en œuvre des actions de gestion et d'aménagement, qui s'articulent théoriquement autour d'un processus politique permettant de dégager un consensus ou sinon permettant d'obtenir le consentement ou l'assentiment nécessaires à l'accompagnement d'un projet. Les acteurs agissent donc dans le cadre de systèmes au sein desquels les interactions sont multiples et difficiles à dénombrer. Ils agissent en fonction de règles et de codes et ont un rôle limitant les uns par rapport aux autres, produisant ainsi une relative stabilité, placée au centre d'oscillations finalement minimes. Le produit de ces interrelations peut être dénommé gouvernance. Comme le précise Marie-Claude Smouts (Smouts, 1998), la gouvernance traduit à l'heure actuelle « un out idéologique pour une politique de l'État minimum », qui replace les multiples acteurs locaux (de l'échelon régional à l'échelon infra-communal), sur le devant de la scène politique, là où justement l'État ne peut plus jouer un rôle moteur. Plus globalement il est admis que face à la complexité croissante de l'environnement économique, social et politique (liée à l'affirmation de nouveaux acteurs), et face à l'enchevêtrement des niveaux local, national, européen et international, les formes classiques de gouvernement ont progressivement été remplacées par des systèmes où la société civile occupe une place importante. Dans ce sens, aucun acteur ne dispose des connaissances et des moyens nécessaires pour résoudre seuls les problèmes qui se posent. La gouvernance implique donc la participation, la négociation et la coordination.

Ainsi, les acteurs agissant au sein des territoires sont-ils nécessairement relativement autonomes, organisés, opérant de manière à trouver des solutions aux problèmes multiples qui se posent à eux. L'action collective telle que la présentent Michel Crozier et Erhard Friedberg (Crozier, 1977) est une action organisée, construite, comme un ensemble de solutions en relation avec un contexte donné. Il est montré que les actions se combinent, interfèrent et rétroagissent au sein de ce qu'il est convenu d'appeler un système, ce que nous nommerons le territoire, produisant régulièrement des phénomènes contre-intuitifs. Le système d'action qui repose sur les multiples acteurs peut être défini de la manière suivante : il s'agit d'un ensemble humain structuré qui coordonne les actions de ses participants par des mécanismes de jeux relativement stables et qui maintient sa structure, c'est-à-dire la stabilité de ses jeux et les rapports entre ceux-ci, par des mécanismes de régulation qui constituent d'autres jeux[9]. Dans une thèse récente (Vaivre, 2001), l'auteur proposait deux catégories d'organisation englobant les acteurs :

- les organisations politiques correspondant à la sphère politique, « forme d'encadrement de l'action collective et individuelle » constituée par les collectivités locales et les différentes formes d'intercommunalités ;
- les organisations sociales, correspondant à la sphère des relations économiques, culturelles et sociales, constituées par les associations, les organismes consulaires, les entreprises, etc.

Au sein de ces deux catégories d'organisation, les acteurs sont donc interdépendants, ils coopèrent, mais poursuivent également des intérêts divergents (stratégies d'acteurs), souvent même contradictoires. En fait, il émerge du système un ensemble de pouvoirs en interrelation et en équilibre, suivant des modalités que négocient sans cesse les acteurs et que structurent des règles qui sont étroitement liées à l'existence d'un pouvoir (Friedberg, 1993) (système d'acteurs concret). Il demeure cependant des incertitudes multiples, au cœur de toute organisation (techniques, financières, humaines) qui confèrent par ailleurs une limite à la rationalité des décisions qui peuvent être prises à un moment donné. Au sein d'un territoire, ceci est exprimé par la boucle de rétroaction de l'aménagement au sein de laquelle les acteurs observent sans cesse les contraintes et les aménités que peut leur procurer l'espace géographique, mais également le jeu des autres acteurs. Ils agissent alors en fonction :

---

[9] Une grande difficulté, lorsqu'on considère les systèmes d'action, réside dans le fait qu'une grande partie des relations sont en fait informelles et constituent en fait le cœur du système alors que les relations formelles n'ont qu'une faible importance. Il en ressort bien entendu une très grande difficulté à appréhender un système d'action.

Figure 2.3 : Le système d'acteurs au sein du système territoire

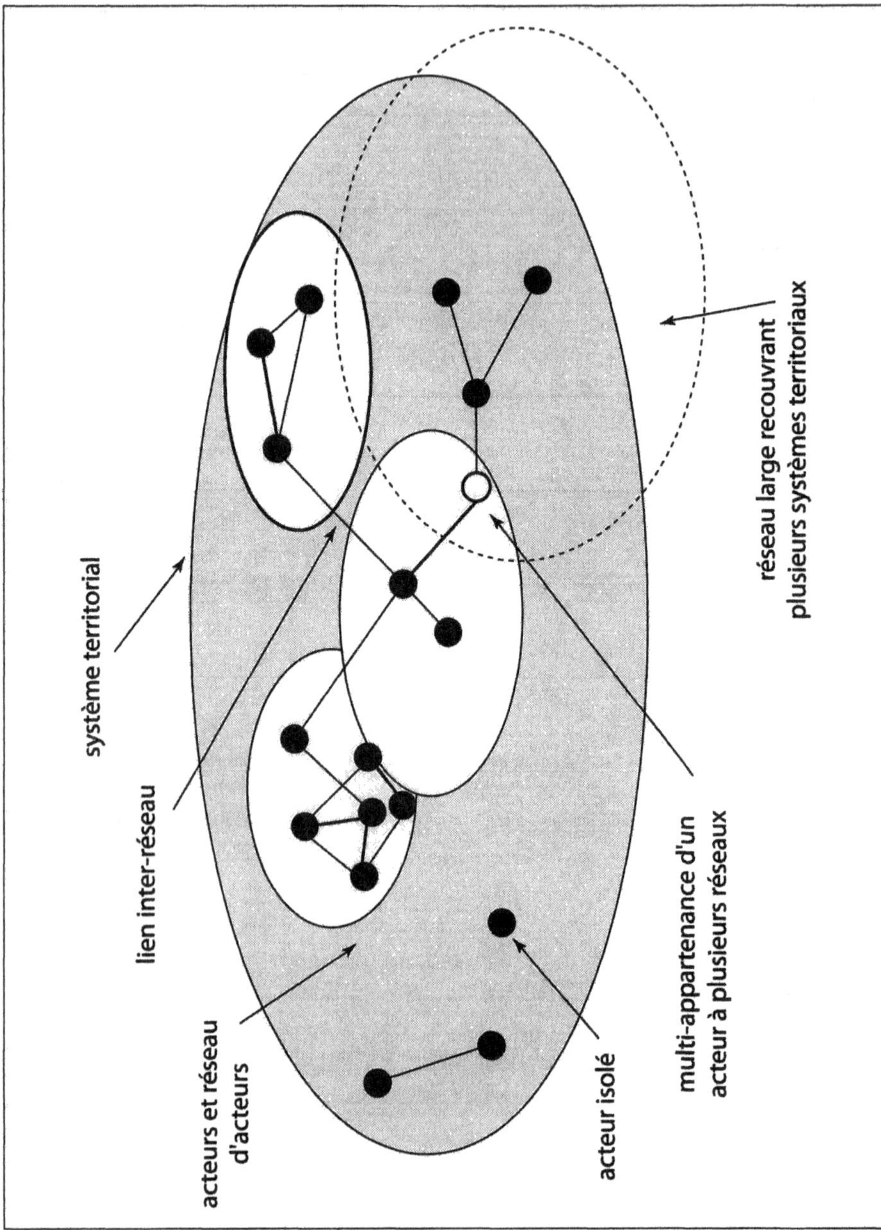

D'après ROLLAND-MAY (C.), 2000, *Évaluation des territoires : concepts, modèle, méthodes*, Paris, Ed. Hermès, pp. 95-97.

- de leur(s) propre(s) constat(s) ;
- des connaissances qu'ils ont du territoire ;
- des représentations qu'ils s'en font ;
- de la liberté que leur offre le système de gestion au sein duquel ils évoluent ;
- de leurs objectifs propres ;
- du jeu des acteurs locaux.

Dans ce contexte, la notion de pouvoir est omniprésente et traduit ce que Michel Crozier et Erhard Friedberg nomment la politique quotidienne, fondée sur la notion de stratégie, qui sous-tend quasi systématiquement les actions humaines ; et dont l'efficacité dépend de la vision plus ou moins globale qu'ont les acteurs du système. Le pouvoir dépend de la manière dont un système est structuré, et par rétroaction, le système est censé maintenir ce pouvoir efficient afin de perdurer. Pouvoir et organisation sont ainsi indissolublement liés, au sein de ce qu'Edgar Morin nomme « les réalités organisatrices » (Morin, 1991). C'est ainsi que les acteurs qui interviennent au sein d'un territoire, se positionnent en permanence les uns par rapport aux autres, à la fois en fonction de leurs prérogatives réciproques (lorsqu'ils en ont en tant qu'élus par exemple), et/ou de leurs objectifs communautaires, et/ou personnels et enfin en fonction de « coutumes ». C'est enfin alors que se recouvrent plus ou moins des champs de compétence, des aires d'action ou d'influence, faisant apparaître des zones d'incertitude (Fig. 2.3).

Ce système d'acteur, repose sur des références spatiales comme le laisse supposer le vocabulaire employé ci-dessus. L'espace géographique constitue un cadre d'action en relation avec les systèmes d'acteurs que H. Mintzberg (Mintzberg, 1982) définit comme étant guidés par des facteurs de contingences. Ils sont essentiels et il en résulte des territoires en « tension », c'est-à-dire dont l'équilibre dynamique repose sur un ensemble d'interrelations qui ne cessent de se modifier dans le temps, puisque fondé sur des contraintes qui ne sont jamais complètement prévisibles, compte tenu de l'infinité de phénomènes qui se déroulent simultanément, modifiant sans cesse le contexte décisionnel des acteurs. On peut identifier au moins six origines à cela :

- l'espace géographique ne présente jamais la même organisation ;
- le cadre législatif est en évolution constante ;
- les acteurs agissent plus ou moins selon les situations qui se présentent ;
- la donne politique est renouvelée régulièrement ;
- l'environnement global est très fluctuant ;
- les idéologies évoluent et se transforment.

Figure 2.4 : Fonctionnement du système territoire

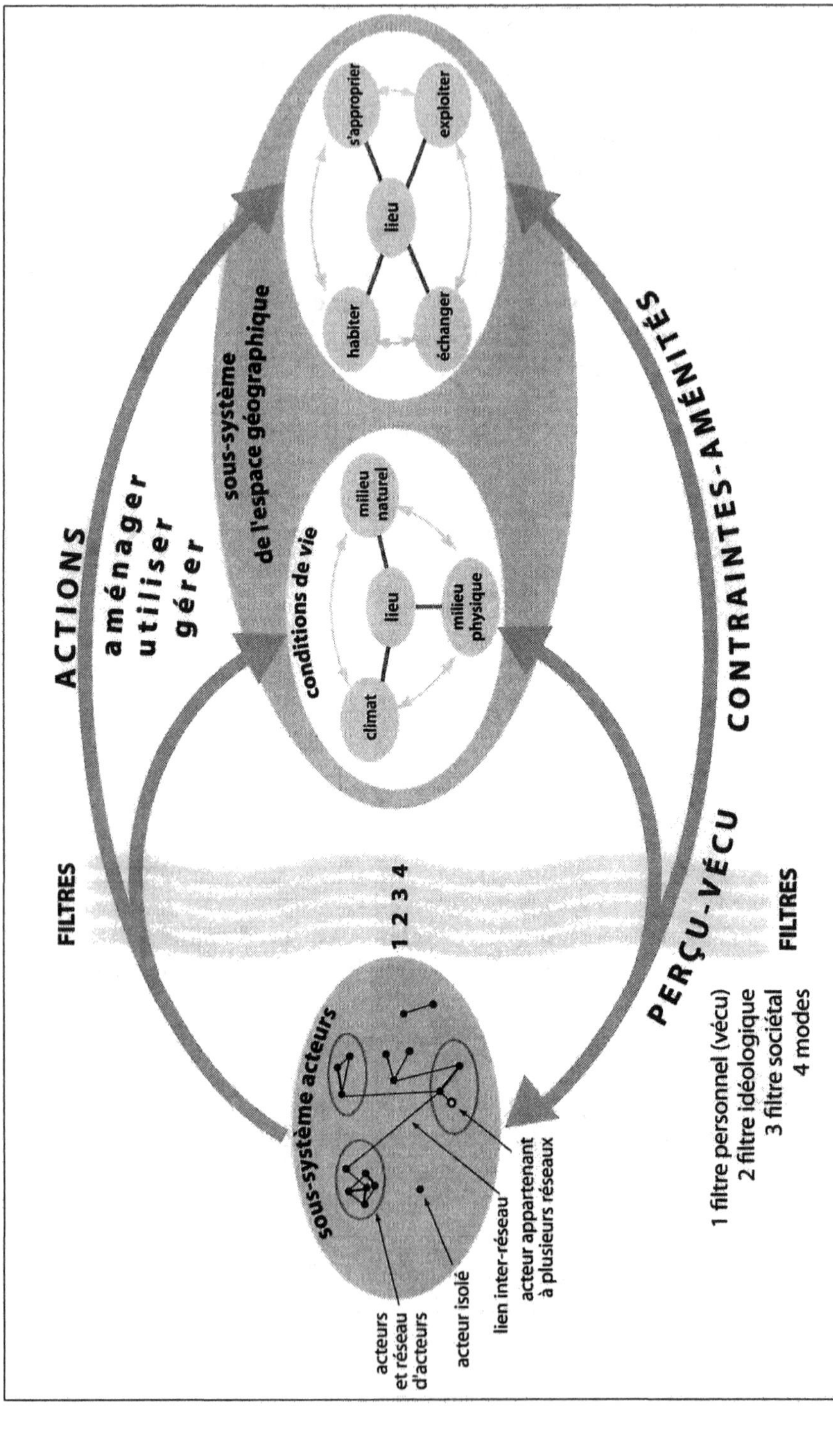

La prise de décision est alors difficile, loin de la rationalité apparente, d'autant qu'elle se situe au croisement de multiples informations auxquelles cet acteur aura accès (techniques, stratégiques, organisationnelles). Ceci est d'autant plus vrai que le cumul de mandats offre encore plus d'opportunités aux élus de croiser des informations. C'est en effet autour des intercommunalités (communautés de communes, communautés d'agglomération, communautés urbaines) que se nouent aujourd'hui les pouvoirs locaux, et notamment autour des moyens mis en œuvre dans le cadre des diverses contractualisations (Contrat de Plan État-Région, Contrat de Pays, Contrat d'agglomération, Contrat de Ville, etc.). Loin d'être figés dans leurs limites, ces territoires évoluent sans cesse, ils se recomposent, leurs mailles demeurent floues si on considère le temps long, ce que les institutions n'avaient jamais vécu jusqu'à présent dans le cadre des départements ou des régions. Loin d'être isolantes, les mailles du territoire sont aujourd'hui de plus en plus poreuses, par nécessité, notamment en relation avec la Loi Solidarité et Renouvellement urbain (SRU- 2000) qui rend interdépendant nombre de documents. Sans se déconcentrer, les pouvoirs ont donc tendance à se multiplier et à complexifier les prises de décision au sein des territoires.

Une définition qui appelle un nouvel agencement des concepts et des interrogations

La boucle de rétroaction qui organise le territoire pousse à réorganiser les concepts

Le glissement proposé dans la définition du territoire sous l'angle d'un système, induit la réorganisation de quelques concepts, repositionnement conceptuel, dans une perspective systémique. Certains d'entre eux apparaissent en effet redondants et il s'agit de les ré-articuler autour d'une nouvelle définition du territoire.

On peut finalement avancer la définition suivante d'un territoire : ***c'est un système complexe dont la dynamique résulte de boucles de rétroaction qui lient un ensemble d'acteurs et l'espace géographique qu'ils utilisent, aménagent et gèrent.***

Cette définition s'appuie en fait sur la mise en relation de trois sous-systèmes clairement définis (Fig. 2.4) :

- les acteurs en interrelation qui vont permettre, soit dans un espace donné, soit par rapport à une problématique donnée, de comprendre en partie les raisons des équilibres en présence qui déterminent une stabilité dynamique du territoire ;
- l'espace géographique, espace aménagé par les acteurs, en fonction du géosystème, présentant de multiples objets en interaction et que l'on peut désagréger en trois sous-systèmes :

  - le géosystème ou milieu géographique au sein duquel évoluent les acteurs, on parlera des contraintes ou aménités naturelles qui entrent en interaction avec les acteurs et influencent l'organisation de l'espace géographique ;
  - l'espace anthropisé constitué par l'ensemble des objets anthropiques (réseaux, constructions, hommes, etc.) répartis au sein du géosystème ;
  - l'espace social et politique, celui des rapports sociaux qui recèle « l'ensemble des interrelations sociales spatialisées » (Frémont, 1984), entre les individus, les groupes et en étroite relation bien entendu avec l'espace politique et institutionnalisé ;
- les systèmes de représentation, qui se fondent sur l'interconnexion entre trois types de filtres, individuel, sociétal (valeur) et idéologique (théorie, modèle) qui forgent à la fois la connaissance et la conception qu'ont les acteurs du monde qui les entoure (Callon, 1990).

Cette organisation des concepts n'entre pas en contradiction avec certaines définitions existantes et nous amène à réorganiser les concepts d'espace naturel, d'espace géographique et de lieu.

L'espace naturel ou milieu naturel ou géosystème est l'ensemble des éléments de la nature (climat, sol, eau, pentes, végétation, faune) présents et associés en un lieu et autour de lui (Brunet, 1992). La dimension sociale qui peut agir sur le comportement des acteurs est prise en compte dans la définition de l'espace géographique. L'homme est au cœur du géosystème, mais l'étude de ce dernier, si elle ne nie pas cette présence, n'intègre pas de manière précise et très fine les mécanismes de son développement et les multiples conséquences environnementales qui en découlent.

L'espace géographique est « l'étendue terrestre utilisée et aménagée par les sociétés en vue de leur reproduction » (Brunet, 1992). Il existe en fait deux niveaux distincts de relations, qui vont lier à la fois les objets de l'étendue terrestre, localisés en des lieux, entre eux, et ces mêmes objets avec des systèmes de relation entre des acteurs. On peut alors définir l'espace géographique comme étant « l'ensemble des lieux et de leurs relations » (Bailly, 2001) ; mais il est plus que cela puisqu'il est à la fois le produit des sociétés humaines, avec toute la complexité relationnelle entre des acteurs que sous-tend cette affirmation, le produit des relations avec et entre des objets répartis à la surface de la terre et localisés en des lieux, et enfin le produit des relations entre les lieux avec d'autres espaces par le truchement des acteurs (l'environnement du système territoire). L'espace géographique est une dimension intrinsèque des sociétés (Ciattoni, 2003). Il est donc clairement un sous-système du système territoire, qui inclut l'espace naturel, les objets anthropiques qui l'occupent et l'ensemble des relations qu'ils entretiennent lui conférant la dimension d'environnement social. Comme le précise Jean-Pierre Augustin (Augustin, 2000) « le territoire doit être distingué des concepts d'espace géographique, d'espace social, d'espace vécu », nous ajouterons : bien qu'il repose en fait sur la combinaison de ces concepts.

Le lieu est unique, du point de vue de ses coordonnées. Mais plus encore, si par hypothèse on le déplaçait, il serait impossible de le reconstituer ailleurs car l'arrangement initial était à la fois cause et conséquence. « Il y a lieu, lorsque les objets spatiaux coexistant dans une distance nulle forment un ensemble suffisamment consistant pour faire système » (Lévy, 1991). L'espace géographique englobe donc des lieux qui se singularisent, à sa différence, par leur valeur d'usage, par leur saisissante réalité » (Di Méo, 2000). Selon Michel Lussault, « le lieu est la plus petite unité spatiale complexe » (Lussault, 1996), il est en ce sens un sous-système du système territoire.

Quels outils pour appréhender les territoires ?

Les difficultés d'interprétation et de compréhension des territoires, que pose l'emboîtement des sous-systèmes, nécessitent inévitablement un retour vers l'idée de complexité. Il est en effet indispensable de proposer de manière précise des outils susceptibles d'aborder la complexité qui sous-tend à la fois les organisations spatiales, mais également les systèmes d'acteurs qui les font évoluer. L'approche systémique est ainsi présentée, comme un paradigme capable de guider l'approche et la compréhension des systèmes complexes et comme préalable à des démarches de modélisation plus avancées. Sans proposer de nouveaux outils il s'agit simplement ici de repositionner des approches reconnues, les unes par rapport aux autres, dans un ensemble susceptible de permettre une meilleure compréhension des territoires (Fig. 2.5). Comme l'ont souligné Marius Thériault et Marie-Hélène De Sède (De Sède, 1996), « la diversité des décisions et l'importance d'en maîtriser les implications notamment dans une optique d'instrumentation », est aujourd'hui un fait reconnu. Par ailleurs comme Marie-Hélène De Sède le précise (De Sède, 2002) « le diagnostic et la décision permettant de maîtriser un problème depuis sa formulation jusqu'à sa résolution, doivent s'inscrire dans un continuum et ne pas être soumis à des ruptures ».

Trois sous-systèmes, liés entre eux, sont donc à aborder dans le cadre d'un diagnostic que nous nommerons territorial, articulé autour « d'une approche purement structurelle et d'une approche compréhensive ou humaniste » (Debarbieux, 1995) :

Figure 2.5 : Outils et méthodes d'analyse et de compréhension de l'évolution d'un territoire pour agir

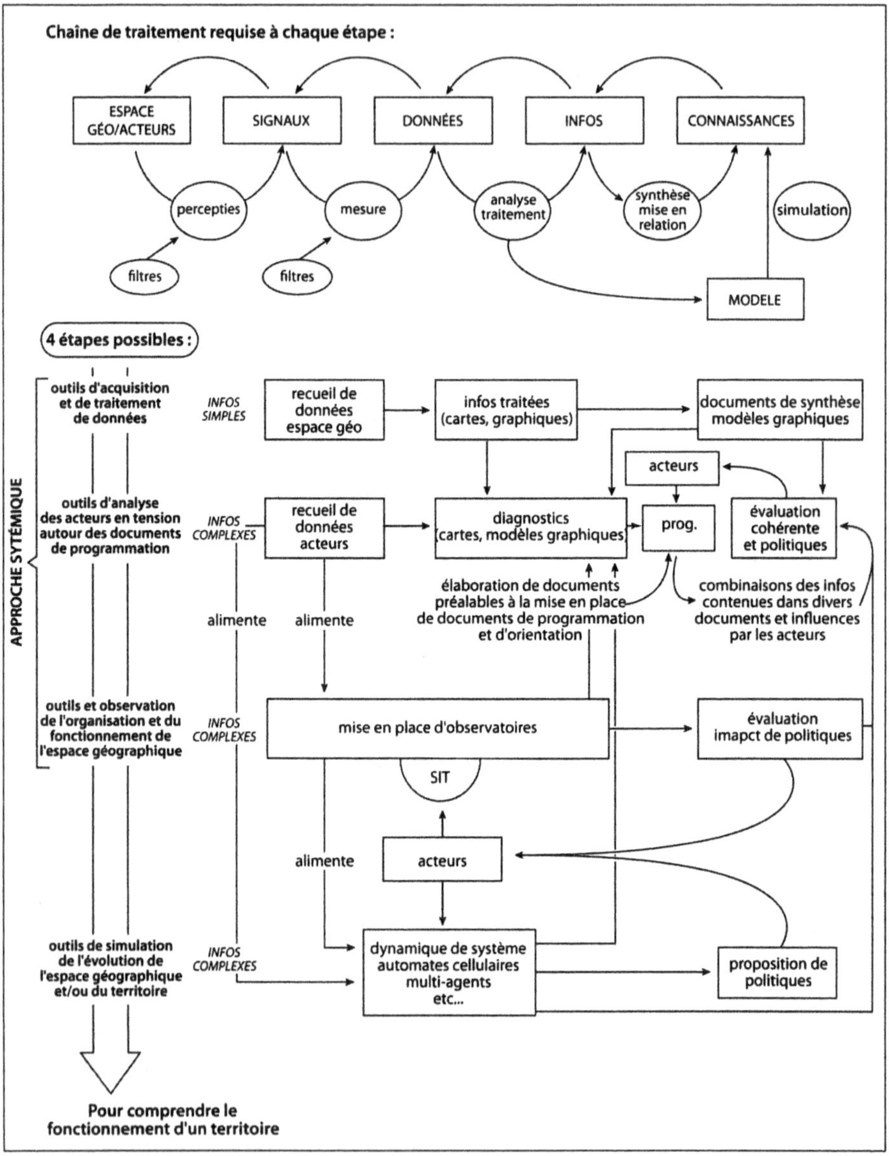

– le contexte naturel du territoire abordé : il peut présenter des contraintes et des atouts qui auront une incidence sur l'organisation de l'espace géographique, mais aussi sur les relations entre les acteurs ;

- l'organisation de l'espace géographique : on cherche à comprendre la répartition des objets, l'interaction entre ces objets, les forces et faiblesses de cette organisation, l'influence du contexte nature. On cherche enfin à évaluer la mise en œuvre des politiques actées dans le cadre des différents documents de programmation, d'orientation et de prescription. Les modèles utilisés pour représenter les systèmes spatiaux « induisent (alors) des formalisations qui relèvent du « comment » plutôt que du « pourquoi » (Saint-Julien, 2000) ;
- l'organisation des acteurs du territoire étudié ou diagnostic stratégique[10] : on étudie la superposition des mailles de gestion, l'articulation des documents de programmation, d'orientation et de prescription, ainsi que leur mise en place autour d'acteurs clés, le décideur devant aujourd'hui intégrer la notion de « maillagement » (Monnoyer-Longe, 1996). On étudie également le comportement des individus ; il s'agit alors de trouver des réponses à la question du pourquoi.

La mise en relation des trois diagnostics doit permettre la mise en place du diagnostic territorial. Il repose donc à la fois sur une approche spatiale et organisationnelle du territoire étudié et vise à :

- répondre à des objectifs précis, partagés par les différentes catégories d'acteurs ;
- prendre en compte l'ensemble des contraintes qui s'appliquent au territoire en question ;
- prendre en compte les orientations déjà prises par l'ensemble des acteurs ;
- rendre compte d'un fonctionnement socio-économique spatialisé ;
- respecter la culture locale, les valeurs partagées ;
- tenir compte de l'environnement extérieur au territoire, à différentes échelles.

Cette approche nécessite de surmonter les spécialisations thématiques et la complexité qui découle inévitablement d'une approche globale. En outre elle oriente vers une combinaison d'outils à mettre en œuvre afin de comprendre le fonctionnement d'un territoire et le cas échéant de proposer des simulations de son évolution, sur la base de découpages administratifs discrets produits dans le cadre de fonctionnements résiliaires (De Sède, 2002). À cette complexité qu'il nous est donné d'observer, et que nous avons

---

[10] CERTU, 201, « L'analyse des systèmes d'acteurs : diagnostics de territoires », Cahier n° 1, Lyon, pp. 8-9.

présentée, correspond forcément un agencement d'outils capable d'intégrer et d'analyser les différentes facettes du territoire.

Plusieurs pistes s'offrent actuellement aux chercheurs qui reposent sur la combinaison d'outils (Systèmes Multi-Agents, Systèmes d'Information Géographique, Automates Cellulaires, Systèmes de Gestion de Bases de Données, Systèmes Experts, Réseaux Neuronaux)[11] en amont desquels l'approche systémique est toujours requise (François, 1997). Trois orientations de recherche émergent :

- celles portant sur la mise en place d'outils d'observation, notamment les travaux du CERSOT[12] fondés sur la mise en place d'observatoires territoriaux[13] reposant sur la liaison entre Système de Gestion de Base de Données et Système d'Information Géographique (De Sède et Moine 2001). Un exemple de mise en œuvre est développé en troisième partie ;
- autour de l'évaluation des territoires, citons par exemple les travaux de Christiane Rolland-May, intégrant les principes de l'approche systémique et de la logique floue (Rolland-May, 1996 et 2000) ;
- en relation avec la simulation d'évolutions de territoires, en témoignent notamment les modèles développés par le RIKS Maastricht, couplant une base de données spatialisées (SIG), un modèle global d'interactions spatiales et un modèle d'automates cellulaires (Engelen *et al.*, 1997) .

Ces trois types d'approches sont complémentaires si l'on souhaite disposer d'une vision globale du fonctionnement d'un territoire. En effet, les outils d'observation constituent le socle sur lequel on va pouvoir ancrer une analyse des différents phénomènes en interrelation sur un territoire donné, en fonction d'un projet (Mao, 2000) porté par des acteurs. Fondée en amont sur une réflexion très poussée des besoins d'observation de la part des acteurs qui produisent, agissent et guident le fonctionnement d'un territoire, en fonction de leurs projets, cette première étape au travers de la pérennisation des informations qu'elle induit, est incontournable. L'observation est finalisée par des diagnostics qui peuvent être pluriels, en fonction des différents acteurs ou groupes d'acteurs porteurs de projet(s). C'est grâce à cet outil qu'il est ensuite possible d'évaluer un territoire au travers de la trajectoire qu'il poursuit (rappelons que le territoire est assimilé à un système), en introduisant des dispositifs d'analyse capable de restituer les différents états occupés par le système étudié. Ils permettent également l'évaluation des politiques mises en œuvre par les acteurs locaux, qui influencent l'évolution des territoires. Enfin, dans un troisième temps, des

---

[11] Voir « Inventaire des modèles-Libergéo », http://www.mgm.fr/libergeo.

[12] CERSOT : Centre d'Etude et de Recherche sur le Sport et l'Observation des Territoires, équipe du laboratoire ThéMA, UMR 6049-CNRS, Université de Franche-Comté.

[13] Nous présenterons la philosophie de ces travaux dans la troisième partie.

outils permettent de simuler le devenir d'un territoire donné sur la base de règles issues des observations précédentes.

En conclusion, Marie-Hélène De Sède avance que « l'efficacité des démarches participatives en aménagement, sera conditionnée par un réel couplage entre décisions et instrumentation, notamment instrumentation géomatique, l'espace demeurant au centre de tous les enjeux » (De Sède 2002). Dans cette perspective, le système territoire intègre simultanément trois dimensions (Fig. 2.6) : temporelle, spatiale, et organisationnelle, qui se divisent chacune de la manière suivante (Rolland-May 2000) :

- le temps est composé d'un avant, d'un après et d'une durée :
  - la prise en compte des évènements passés explique l'état actuel du système et sa dynamique. Ce passé constitue en quelque sorte le réservoir d'information par rapport auquel les acteurs vont se référer afin de mener à bien leurs politiques ;
  - la prise en compte de l'avenir en projetant ce que les acteurs souhaitent que le territoire devienne, sur la base de scénarii prospectifs guide les décisions. Cette démarche est productrice de nouvelles informations ;
  - la prise en compte de la durée des évènements est importante puisqu'elle permet finalement d'en nuancer les influences.
- L'espace est composé d'échelles emboîtées qui peuvent se retrouver au sein :
  - du local et de l'ensemble des superpositions spatiales et des acteurs qui s'y matérialisent. Loin d'être isolés, ces différents niveaux et acteurs sont très étroitement imbriqués et liés, ils contribuent à définir les projets et donc à peser sur le devenir du territoire ;
  - du global, ou environnement du système, qui symbolise les influences externes qui peuvent agir sur la trajectoire du système. Celui-ci ne peut ignorer en effet un certain nombre d'informations qui, aujourd'hui bien que dépendantes d'un contexte global, affectent indubitablement le devenir du système local.
- La dimension organisationnelle est composée de trois sphères :
  - celle des individus, « unité spécifique au sein des sociétés (...) on ne peut imaginer de société qui ait été totalement dépourvue d'autonomie individuelle car c'est grâce à cette autonomie que la répartition complexe de fonctions que suppose une société, peut exister » (Lévy 1994) ;
  - celle de la politique au sein de laquelle les alliances se font et se défont, où les oppositions sont nombreuses et forcent à arbitrer sans cesse les choix ;

Figure 2.6 : Le système territoire en trois dimensions

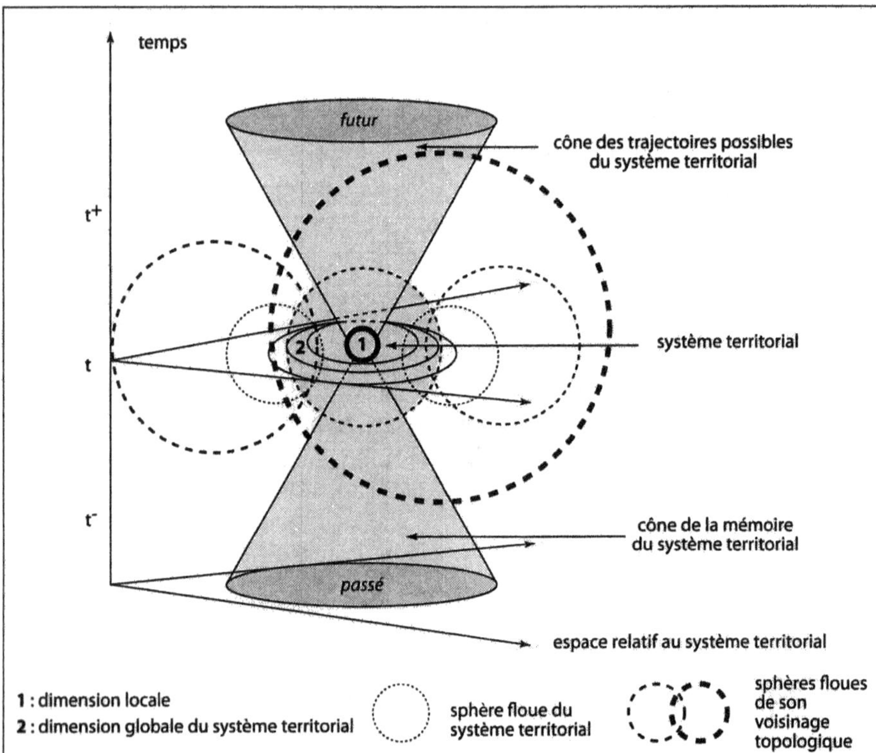

D'après ROLLAND-MAY (C.), 2000, *Évaluation des territoires : concepts, modèle, méthodes*, Paris, Ed. Hermès, pp. 83-84.

- celle des relations économiques, culturelles et sociales, où le rôle local est important, en relation avec un contexte global de plus en plus prégnant.

L'enjeu est aujourd'hui de comprendre comment se structurent les territoires, sous l'acception globale que nous avons proposée, comment ils fonctionnent, comment ils évoluent. Nous sommes aujourd'hui confrontés à des réalités quelques fois difficiles à mettre en adéquation, avec d'un côté une complexification croissante des contextes au sein desquels nous évoluons, de l'autre une exigence de résultat fondée sur les notions de cohérence et de développement durable, qui forcent à adopter une approche globale capable de saisir et de rendre compte de cette complexité. Nous disposons d'outils très sophistiqués, mais la réalité offre toujours un décalage avec ce que nous concevons. En proposant une approche plus globale de la notion de territoire, nous pensons que sa compréhension en sera améliorée. Mais il faut faire attention à ne pas tenter de réduire la complexité à tout prix, il faut lui laisser sa liberté, c'est-à-dire la représenter en limitant les mutilations.

CONCLUSION DE LA PREMIÈRE PARTIE

Le territoire est un système, cette affirmation qui n'est pas nouvelle offre cependant une résonance particulière puisqu'elle implique la mise en œuvre de démarches d'analyses appropriées. Nous avons ainsi montré combien le jeu des acteurs, souvent mentionné mais rarement pris en compte, pesait sur l'évolution des territoires, produisant de l'organisation dans l'espace géographique. Si on se réfère aux cinq principes fondateurs du territoire, on se rend finalement compte que quatre d'entre eux (appropriation, habitation, exploitation et échanges) contribuent à l'organisation de l'espace géographique, le cinquième (gestion) se référant au jeu des acteurs. En poursuivant les réflexions, il apparaît indispensable d'articuler les outils afin d'offrir une compréhension globale du fonctionnement des territoires. La boucle de rétroaction qui émerge est celle de l'aménagement du territoire ; simple en apparence, elle repose sur une infinité de relations, complexifiées par des filtres perceptifs qui induisent choix, comportements et actions. Or, il se trouve qu'aujourd'hui les territoires évoluent très vite, eu égard à la multiplication des acteurs, et des relations qui les lient.

Face à cette accélération des processus, les besoins de comprendre et d'agir augmentent, induisant en quelque sorte une de boucle de rétroaction positive au sein de laquelle plus de connaissances entraînent plus d'actions qui entraînent plus de besoin de connaissance. Il semble donc que la compréhension du fonctionnement des territoires soit partielle, tant pour les chercheurs que pour les acteurs politiques, les aménageurs ou encore les citoyens. Identifier l'espace géographique et les acteurs, les poser comme opératoires dans l'analyse des dynamiques territoriales, permet donc de décentrer légèrement les objectifs des analyses en géographie, sans pour autant en révolutionner le contenu. En introduisant plus le jeu des acteurs pour comprendre et interpréter l'organisation de l'espace géographique, il est possible d'identifier des processus afin de comprendre pourquoi des organisations apparaissent et comment elles évoluent. À partir de cette démarche, il apparaît que l'apprentissage peut aisément être remplacé par un processus heuristique fondé sur la compréhension des phénomènes grâce à l'approche systémique. Ainsi, il est possible de comprendre le fonctionnement et l'évolution de territoires grâce à l'approche systémique et à l'analyse de la systémogenèse d'un territoire d'une part, et grâce à la restitution des dynamiques territoriales sur fond de modélisation graphique d'autre part.

Il ressort que les diagnostics territoriaux se contentent souvent d'une simple présentation de l'organisation de l'espace géographique, assimilant de ce fait le territoire à un espace approprié, mais non agit. Il s'agit comme le précisait Marie-Hélène De Sède (De Sède, 2002), « de ne plus seulement demander à la géographie de décrire, de comprendre et d'expliquer, on attend d'elle (...) des pistes pour l'action ». Il s'agit donc maintenant de nous concentrer sur trois exemples de fonctionnement territoriaux, de complexité croissante, en montrant combien la prise en compte du jeu des acteurs est primordiale. Les questionnements qui sont liés à ces analyses montrent des pistes de recherche intéressantes, à la fois méthodologiques, en terme d'outils dédiés à la prise en compte du jeu des acteurs, et conceptuelles quant à la qualification de certains espaces par le terme de territoire.

DEUXIÈME PARTIE

COMPRENDRE L'ORGANISATION ET LE FONCTIONNEMENT DES TERRITOIRES

Chapitre 3

ENSEIGNER LES TERRITOIRES GRÂCE À L'APPROCHE SYSTÉMIQUE

La remise en ordre entre les différents concepts liés à la notion de territoire permet de dégager des articulations intéressantes, indispensables à la compréhension du monde qui nous entoure. Pour cela, il est indispensable de fournir des outils de compréhension, d'interprétation et de transmission des connaissances en rapport avec la notion de territoire. Pour comprendre et rendre compréhensibles les territoires qui nous entourent, il est indispensable de mettre en œuvre une démarche claire et facilement accessible à tous. Il s'agit donc d'exposer :

- comment présenter et enseigner de manière simple la complexité inhérente au territoire, en intégrant les notions d'espace, d'acteurs et de temps, pour comprendre plutôt qu'apprendre ?
- Comment expliquer l'évolution de l'organisation spatiale d'un territoire au cours du temps, en fonction des acteurs qui l'ont animé, pour aboutir à l'organisation actuelle, en identifiant des points de bifurcation du système territorial décrit ?
- Comment faire comprendre la dynamique d'un territoire régional dans le cadre d'un enseignement de géographie régionale, en se fondant à la fois sur l'organisation de l'espace et sur le poids des organisations héritées, sur les acteurs en présence ; en utilisant la modélisation graphique et les chorèmes ?

Ce sont les réponses offertes à ces questions, dans le cadre de divers enseignements, qui sont présentées. Elles sont organisées de manière à rendre tout d'abord compte du questionnement général au sujet des territoires, puis articulées ensuite de la plus grande à la plus petite échelle, en expérimentant chaque fois des méthodes complémentaires.

Enseigner la compréhension et la représentation du fonctionnement des territoires

La géographie possède un lourd passif vis-à-vis de bien des personnes qui ont été confrontées à son enseignement. Mais les géographes ont évolué, et aujourd'hui la discipline se place au cœur de la complexité du système terre, parce que d'une part l'homme est au centre des préoccupations des géographes et surtout, vis-à-vis de la terre, parce que l'homme a colonisé notre planète dans sa totalité, on parlera d'œkoumène. Il s'agit maintenant de « relier les questions à partir de l'être humain (...) et de dégager l'unité complexe de l'homme », comme le dit Edgar Morin (Morin, 1995). De fait la géographie se trouve de plus en plus être un outil pour comprendre le monde qui nous entoure, en apprenant à relier et en même temps à problématiser, et l'on retrouve au cœur des préoccupations, les territoires que nous vivons et auxquels nous donnons naissance.

On ne peut pas apprendre les territoires

La géographie se situe maintenant à l'intersection entre plusieurs disciplines, position assumée puisque cette science trouve son sens dans la compréhension de l'organisation de l'espace (Veyret, 2003). Les savoirs qu'elle relie sont donc très diversifiés et permettent de comprendre les territoires, au sein desquels l'homme occupe une position centrale, en relation avec l'espace qu'il organise et qui influence sa destinée. Ce qu'il est donné au géographe d'observer, c'est le monde qui l'entoure, quelle que soit l'échelle d'observation, ce qui lui est donné de comprendre comme l'écrit Edgar Morin, « ce sont les problèmes globaux et fondamentaux pour y inscrire les connaissances partielles et locales » (Morin, 1995). Partant de ces constatations, nous pouvons avancer que nous sommes tous des géographes qui nous ignorons, tant nous avons l'habitude de manipuler des concepts propres à cette discipline.

Prenons un exemple : nous nous déplaçons tous à un moment donné en fonction d'un but, satisfaire un besoin au travers de la fréquentation d'un service. Nous devons alors choisir le lieu où nous nous dirigerons en fonction du besoin ; ce choix dépendra souvent d'un ensemble de contraintes et d'aménités (présence d'autres services, parking aisé, congestion des réseaux, etc.). Nous devrons ensuite identifier un itinéraire qui dépendra souvent du temps que nous souhaitons consacrer au déplacement. Sans y prêter attention nous avons mis en œuvre plusieurs outils utilisés par les géographes (carte, plan, annuaire, etc.), pour satisfaire un besoin épisodique et surtout nous avons agi de manière à conforter les décisions prises par ceux qui ont choisi de localiser leur service à l'endroit que nous avons fréquenté.

Cependant, beaucoup d'observations ne peuvent se combiner naturellement sans méthode. Or, ce qu'il est donné d'observer procède de la combinaison extraordinairement complexe (de Rosnay, 1975) d'un ensemble de phénomènes au sein desquels nous avons tous un rôle à jouer et que l'approche systémique (Durand, 2001) peut aider à décrypter. Cette approche peut être utilisée pour comprendre de quelle manière chaque être humain se positionne dans un contexte plus global reposant sur des échelles emboîtées aux contours quelques fois flous et liées par une multitude de relations qui conditionnent notre existence (Peguy, 2001). En observant cette complexité qui nous entoure, et dont nous faisons partie, en sachant se replacer personnellement par rapport à celle-ci, nous pouvons entrer dans une phase ininterrompue d'acquisition de connaissances fondée sur la combinaison entre observation-compréhension-action : à ce moment, apprendre c'est déjà regarder autour de soi et se poser des questions vis-à-vis de nos actes, de leur impact sur le système global, de leur nécessité etc. Comme le disait déjà Max Weber, « les savants à la hauteur de leur tâche peuvent obliger l'individu à se rendre compte du sens ultime de leurs propres actes » (Weber, 1969).

Les questions que se pose le géographe, tout le monde se les pose

À la base un géographe se pose cinq questions qui vont guider son raisonnement de manière systémique, c'est-à-dire de manière bouclée dominée par d'incessants va-et-vient (Delvaux et Nys, 2002) :

- la première question, centrale, et qui ne cessera d'être déclinée au travers des objets, des hommes ou des systèmes présents à la surface de la terre, est celle de la localisation : où ? En effet le lieu ou l'espace sont au cœur de tout raisonnement géographique. Par exemple où sont localisés les services, les réseaux à grande vitesse, les prairies ou encore les hêtres ;
- la deuxième et la troisième question se posent simultanément pour décrire ce qu'on localise : qui et/ou quoi ? On observe alors des répartitions d'objets ou de population dans l'espace, des composantes d'un paysage. Par exemple le paysage de bocage des premiers plateaux du Haut-Doubs en Franche-Comté ;
- la quatrième question engage à l'explication des phénomènes observés : pourquoi ? Il s'agit alors de comprendre pourquoi un objet se situe à tel ou tel endroit, à proximité de tel ou tel autre objet ou de telle ou telle population, etc. Des hypothèses, que l'on va valider ou non, décrivent ainsi progressivement un système spatial et/ou sa structure. Par exemple, le paysage de prairie des plateaux fait référence à un système fondé sur la filière lait, où de multiples exploitations articulées autour de la fruitière à Comté permettent la

Figure 3.1 : Comprendre ce que je suis pour faire partie efficacement d'un système global

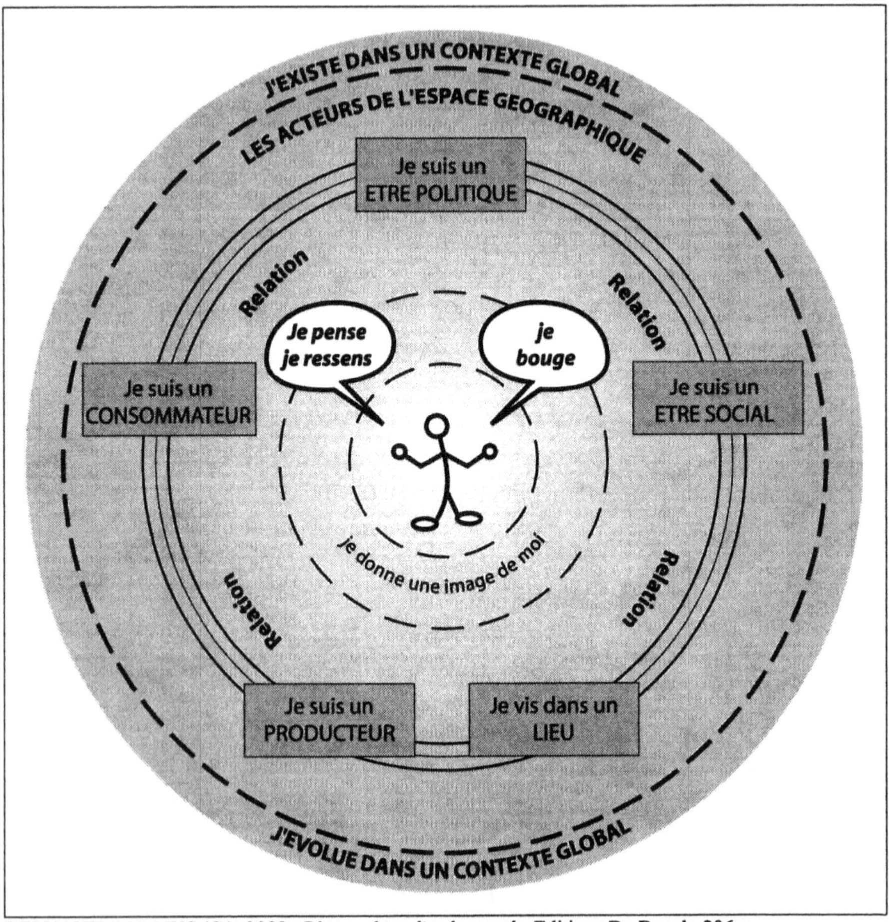

DELVAUX (M.), NYS (C.), 2002, *Géographie : lire le monde*, Editions De Boeck, 296 p.

production de fromage, protégé par une AOC. Ceci permet le maintien d'une activité à forte valeur ajoutée, limitant ainsi la déprise agricole et la fermeture des paysages souvent inéluctable en région de montagne ;
- Simultanément se pose la question du processus, comment est apparu le paysage qu'on observe, comment s'est-il structuré (Marchand, 1990), ce qui inclut la question de la durée. Ainsi, comment le Haut-Doubs a-t-il conservé une population finalement dense eu égard à sa situation en montagne ? Il s'agit d'un résultat qui repose sur la combinaison d'interactions dans le temps, entre différents phénomènes notamment autour de l'horlogerie qui s'est diffusée à partir de la Suisse voisine, et a permis à des populations pauvres de maintenir une double activité au départ, et de se spécialiser ensuite autour de l'horlogerie (Moine, 2003a).

Quiconque est curieux de nature peut donc se poser ces questions, soit partiellement (où est quoi ? par exemple), soit exhaustivement, quitte à rechercher le pourquoi et le comment auprès de spécialistes, ou dans la littérature. En fait, la plupart des personnes se posent les trois premières questions au quotidien, parce que l'être humain est partie intégrante d'un tout global qui s'appelle le système terre, qui induit un dialogue entre l'être et le monde (Schwartz, 1990) et se décline en une infinité de sous-systèmes qui régissent notre rapport à l'espace qui nous entoure.

Comprendre les territoires c'est se regarder et regarder autour de soi

Chaque être humain à la surface de la terre se pose un jour la question de savoir qui il est, dans quel monde il vit. Répondre à ces questions engage à un cheminement intellectuel accessible à tous et fondé sur le regard que l'on va porter, simultanément, sur soi dans un système global et sur ce système.

Le regard sur soi, tout d'abord, est indispensable pour se situer dans un ensemble de systèmes englobant. Chaque être humain pense, bouge, ressent des émotions et communique ses impressions, ses idées, ses désirs à chaque moment de sa vie. Simultanément, chacun donne, consciemment ou inconsciemment, une image de lui, influencée par le contexte culturel de chacun. Nous sommes donc un, par rapport à des systèmes relationnels emboîtés, que nous utilisons, et au sein desquels nous existons, au travers notamment des lieux dans lesquels nous vivons, qui sont soumis à des contraintes sociales, économiques et politiques (Fig. 3.1) :
- nous vivons en effet en société et nous dépendons à ce titre des autres ;

Figure 3.2 : L'espace géographique, des lieux, des paysages et des sociétés autour de données complexes

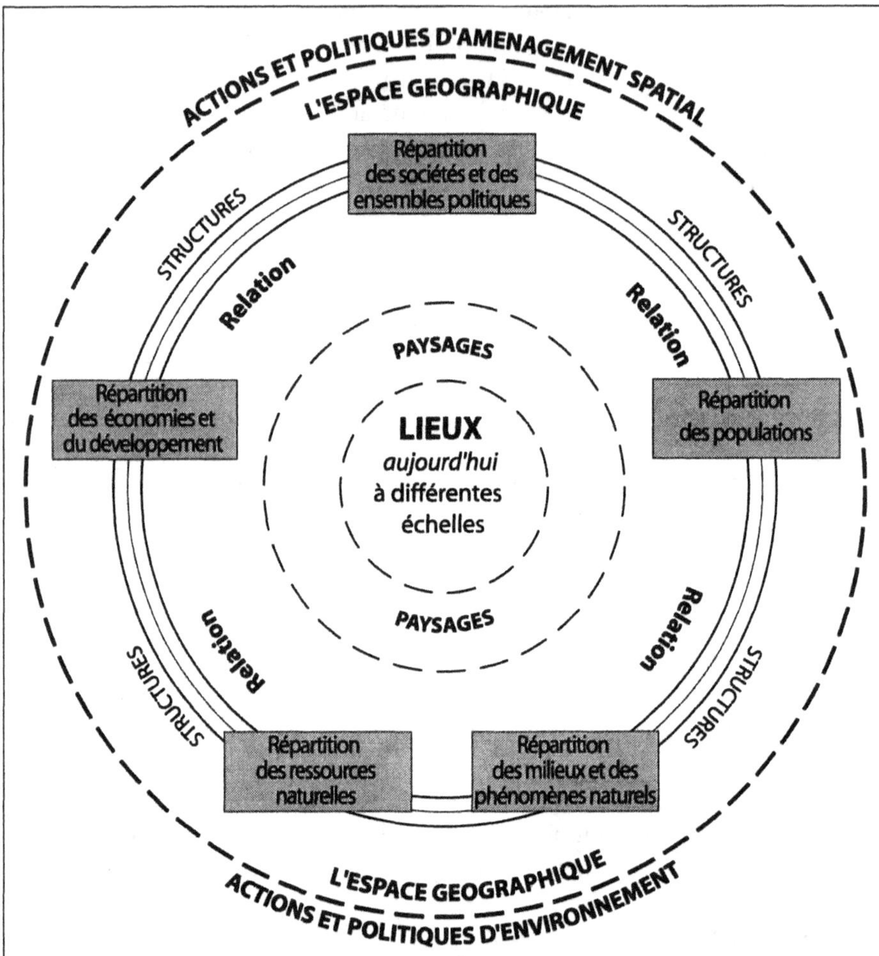

DELVAUX (M.), NYS (C.), 2002, *Géographie : lire le monde*, Editions De Boeck, 296 p.

- nous vivons dans des communautés, auxquelles nous appartenons, qui font de nous des êtres politiques. Ces communautés sont régulées par des lois qui s'efforcent d'organiser la vie en commun. Telle obligation me paraît contraignante et inopportune à mon échelle individuelle, mais il faut l'imaginer s'appliquant à des millions de personnes simultanément, où le respect individuel d'une règle permet un fonctionnement global ;
- nous sommes des êtres économiques, à la fois producteurs et consommateurs, pour notre survie ;
- nous sommes ancrés (plus ou moins) à des lieux.

Ces influences sont étroitement liées, indissociables, leurs limites sont quelques fois floues, elles s'organisent à différentes échelles emboîtées[14], et forment un système qui s'insère dans un système plus global qui est le système monde. Chaque être humain cherche sa place parmi les autres pour donner un sens à sa vie, et pour cela doit comprendre ce qui l'entoure. Nous vivons dans un monde où tout est interdépendant : les hommes entre eux, les hommes et leur milieu de vie. Comprendre ces interdépendances c'est rendre intelligible des territoires proches (son quartier, sa ville) ou plus lointains (sa région, sa nation, etc.).Vivre et comprendre ces interdépendances, c'est s'ouvrir aux autres et surtout construire un avenir qui garantit une solidarité globale. Nous sommes donc uniques, mais acceptons à un moment d'être noyés dans un ensemble plus vaste, tout en gardant à l'esprit que chacun de nos actes compte comme un parmi des millions et à ce titre doit être réfléchi en fonction des autres acteurs et surtout de ce qui nous entoure, l'espace géographique.

Ce qui nous entoure commence donc par le lieu, celui où l'on est, celui où l'on va, ceux qui nous entourent, sans que pour autant nous y prêtions systématiquement attention. Chaque lieu est unique, complexe et *a priori* irremplaçable, et participe à un équilibre général (Fig. 3.1). L'ensemble des lieux qui nous entourent constitue l'espace qui peut être représenté à différentes échelles. Ce qui est indissociable du lieu c'est son image, le paysage, constitué d'éléments naturels (montagnes, rivières, forêts, etc.) et anthropiques (réseaux, constructions, populations, etc.) qui se combinent et offrent de multiples aspects (Ormaux, 1999).

Ces paysages (décrits par qui, quoi, où ?) résultent des multiples relations qui organisent et structurent les rapports entre les objets (qui, quoi ?), sorte de « composition » comme le propose J. Paelinck (Paelinck, 1992). Il y a en effet des populations qui vivent dans des milieux plus ou moins naturels, qui s'approprient l'espace et en exploitent les ressources, participant au fonctionnement des économies et à leur développement. Ces populations s'organisent ainsi en sociétés et en ensembles politiques afin de gérer ce que l'on va nommer leurs territoires (Fig. 3.2). Elles déterminent la répartition des

[14] DI MEO (G.), 1998, *Géographie sociale et territoires*, Nathan Université.

objets et créent de fait des structures spatiales fondées sur un ensemble d'interrelations et d'interactions dynamiques et en constante évolution. Ainsi quelques questions relatives à ce que nous percevons autour de nous, peuvent nous engager à l'explicitation d'un système complexe dont la connaissance, même partielle, peut nous aider à mieux nous positionner dans un environnement plus global. Des parkings saturés, des avenues bondées s'expliquent par des emplois et des services concentrés au cœur des villes, un étalement urbain toujours plus grand fondé sur le mouvement de péri-urbanisation qui provoque une multitude de déplacements individuels, renforcés par l'émiettement de nos emplois du temps et de notre consommation.

Le résultat, forme donc ce que l'on appelle l'espace géographique, combinaison de lieux (où ?) et d'objets (quoi ?). La présence d'acteurs (quoi ?, qui ?) et de leurs multiples décisions confère à ce système la dimension de territoire. La formation d'un territoire et de l'espace géographique associé, dépend par conséquent d'une multitude de relations invisibles et de prises de décisions à des niveaux d'échelles très variés. L'espace géographique est alors un système dynamique, en constante évolution, dont les composantes (qui, quoi ?) se modifient sans cesse sous l'effet de processus (comment ?) en relation notamment avec les différentes actions et politiques mises en œuvre pour l'aménager et/ou le protéger. Celles-ci sont à la fois :

- internes, et liées par exemple aux services, aux emplois, et aux caractéristiques naturelles d'un espace qui expliquent son évolution ;
- externes, comme les lois d'aménagement du territoire qui vont contribuer au développement de certains espaces en difficulté, ou encore la délocalisation d'entreprises vers l'étranger dans un contexte de globalisation de l'économie qui va nuire au développement de certains territoires.

Il faut ainsi considérer que tout territoire, quelle que soit son échelle (continentale, nationale, régionale ou locale) est un système ouvert, en interrelation et en interdépendance avec les territoires dans lesquels il est inséré ou intégré (Dauphiné, 2003). Ce système est en évolution constante et, de ce fait, la population mesure en permanence les opportunités et contraintes que peut présenter la mise en place de relations avec les autres systèmes, au sein d'échelles emboîtées qui vont du local (le lieu), au monde en passant par la région (Collectivité territoriale), la nation, l'organisation économique régionale (l'Europe au travers de l'U.E.), ou encore le continent. Malheureusement, la compréhension des systèmes d'acteurs qui déterminent l'évolution du territoire est souvent négligée au profit de l'analyse des organisations spatiales et des interactions qui en découlent.

Ainsi, comme le précise Edgar Morin « (...) nos sociétés historiques contemporaines s'auto-organisent, à la fois à partir d'un centre de commandement/décision (État, gouvernement), de plusieurs centres d'organisation (autorités provinciales, municipales, entreprises, etc.) et aussi des interactions spontanées entre groupes et individus » (Morin, 1999a). C'est la dimension des acteurs qui apparaît alors, caractérisée par l'infinité des éléments, des interactions possibles et par l'aspect flou de ces relations. Que d'incertitudes autour des choix des individus, des groupes d'individus, des responsables politiques, qui la plupart du temps jouent de leurs multiples facettes : un individu est avant tout un être, mais il peut être aussi directeur d'une grande entreprise, acteur politique et investi dans des associations. Imaginons alors la complexité qui prévaut lors de la prise de certaines décisions...

La compréhension des territoires nécessite souvent de décomposer les données spatiales complexes en données plus simples, mais également les données liées à la présence des acteurs (choix, concurrences, prises de décisions, etc.) qui vont alors s'appuyer sur des savoirs périphériques qui appartiennent à d'autres disciplines (Morin, 1999a et 1999b). Ainsi comme le précise Laurent Le Mercier (Le Mercier, 2002) : « À l'école, comme dans la recherche, la vie, ou les expériences professionnelles, on ne peut négliger la complexité des phénomènes et la nécessité de mettre en système les disciplines ». Antoine Frémont souligne : « la géographie à l'école, en relation avec l'histoire, peut être une ouverture sur l'ensemble des sciences humaines et sociales, en conservant une relation privilégiée avec les sciences de la nature » (Frémont, 1999). Les populations vivent dans des milieux naturels qu'elles transforment ; pour comprendre ces transformations et les risques associés il faut à la fois étudier les climats, les reliefs, l'hydrographie, la faune et la flore, mais aussi le degré de développement socio-économique des populations, leur recours aux ressources naturelles et enfin, les acteurs institutionnels et les cadres d'aménagement qu'ils préconisent. Il en résulte une combinaison de relations complexes au sein d'un territoire, entre :

- les composantes naturelles (milieux naturels, phénomènes et ressources naturels) qui évoluent sur des temps longs ponctués de cataclysmes naturels ;
- les composantes anthropiques, multiples objets produits par l'homme ;
- les composantes humaines (acteurs) qui vivent au rythme rapide du temps des hommes, sur de courtes périodes.

L'espace géographique ainsi aménagé et approprié par l'homme (Le Berre, 1992), se constitue comme un sous-système du territoire. Ajoutons enfin, que le produit de ces interactions n'a de sens que saisi au travers du regard des hommes qui l'ont fait, influencé par la conscience que l'on a de ce que l'on observe.

Nous sommes par conséquent acteurs de notre propre destinée. Ainsi, une lecture systémique nous montrera que ce que nous décidons aujourd'hui déclenche par contrecoup une cascade d'effets dont on ignore souvent les conséquences. Dans cet univers complexe, il nous revient par l'observation et la compréhension de ce qui nous entoure, au travers de questions simples, de comprendre, encore et toujours. Comme le souligne Edgar Morin[15] « il s'agit de favoriser l'aptitude naturelle de l'esprit humain à contextualiser et à globaliser, c'est-à-dire à inscrire toute information ou toute connaissance dans son contexte et son ensemble ».

À l'instar de Montaigne, il faut plaider pour une tête bien faite plutôt que bien pleine, il faut saisir l'aspect multi-dimensionnel de la complexité, au jour le jour, dans nos pratiques individuelles. Replaçons-les systématiquement dans un contexte global pour un monde plus vivable et plus durable au travers de la géographie. Profitons-en pour permettre aux nouvelles générations de mieux comprendre les sociétés dans lesquelles elles vivent, préparons-les à agir en adultes producteurs, consommateurs, mais aussi en citoyens plus conscients de leurs responsabilités. Il s'agit d'amener à une « anthropo-éthique » telle que la décrit Edgar Morin, fondée sur les interrelations individu-société-espèces où l'individu contrôle la société qui à son tour le contrôle (démocratie) et où dans le même temps l'individu est garant de l'espèce (citoyenneté terrestre), au sein d'un emboîtement complexe de systèmes (Morin, 1999a).

Rendre compte de la systémogenèse d'un territoire : quand l'histoire rencontre la géographie

Enseigner la complexité d'un territoire n'est pas aisé. La multitude de phénomènes emboîtés, d'éléments et de relations à décrire peut rebuter. Il est donc indispensable de formaliser une démarche simple qui passe par l'exploration de trois dimensions :

- la première est spatiale, il s'agit du point de départ de l'analyse, elle concerne l'organisation actuelle de l'espace étudié ;
- la deuxième est temporelle, elle concerne l'évolution de l'organisation de cet espace au cours d'une période plus ou moins longue ;
- la troisième est organisationnelle, puisque le jeu des acteurs est réintroduit afin de pouvoir comprendre l'évolution du territoire décrit.

À partir d'analyses sur les espaces frontaliers, notamment celui du Haut-Doubs, nous décrivons l'évolution d'un territoire transfrontalier, avec la volonté de lui conférer une forte dimension heuristique. Comment un

[15] Dans le cadre de la consultation nationale, *Quels savoirs enseigner dans les lycées ?*

territoire se met-il en place dans sa configuration actuelle à travers le jeu des acteurs et comment rendre compte de cette évolution, telles sont les questions abordées.

Le fonctionnement d'un système spatial conduit nécessairement à une différenciation qui se traduit au travers de l'organisation de l'espace géographique (Le Berre, 1988). Il repose sur ses caractéristiques et sur les besoins, les stratégies et les actions des différents acteurs à différentes échelles. Elles sont fondées sur un ensemble de médiations entre des acteurs qui ont pour objectif le maintien du système dans des conditions optimales de fonctionnement, ce que nous appelons aujourd'hui la gouvernance. Il en résulte un équilibre à la fois organisationnel et fonctionnel qui perdure dans le temps et permet d'expliquer la structure et le fonctionnement actuel d'un territoire. Celui-ci repose en effet sur l'ensemble des interactions entre les acteurs et leur environnement au moment où on l'observe, mais également sur l'écheveau du vécu, ensemble complexe de relations entre les acteurs qui doivent être considérées sur un temps long, résultant et accompagnant à la fois l'évolution du territoire. On parlera alors de systémogenèse sans assimiler ce phénomène à un moment donné où le territoire se créerait, mais à un temps au cours duquel il se constituerait lentement, sur la base d'un ensemble de réajustements. Selon Atlan (Atlan, 1979), l'organisation consiste en une suite de désorganisations rattrapées, issues de bruits perçus comme des erreurs à l'instant où ils apparaissent mais source de complexification structurale et fonctionnelle du système, qui intègre ainsi le bruit comme événement de son histoire. On peut considérer que l'organisation d'un territoire procède de cette construction. Ainsi, un système évolue dans le temps et les territoires, systèmes complexes par excellence, n'échappent bien entendu pas à cette règle. Les modifications de tels systèmes sont lentes et il n'y a pas à proprement parler de naissance du système mais une évolution, une adaptation permanente à des influences endogènes ou exogènes. Cependant, il est des influences qui sont plus fortes que d'autres et dont les conséquences amènent à de fortes modifications d'un système. On parlera dans certains cas de véritables bifurcations, quand un phénomène vient modifier un nombre important d'éléments et de relations avec pour conséquence une nécessaire adaptation du système.

Toute compréhension d'un territoire devrait donc passer par le filtre de ce type d'analyse tout en gardant bien à l'esprit, comme le disait J.-P. Marchand, que la place des contraintes physiques et historiques « n'est pas prépondérante mais elle peut l'être, elle n'est pas non plus négligeable mais elle peut l'être » (Marchand, 1986). Malheureusement les méthodes font défaut et l'on se penche rarement sur le passé de manière systémique, en considérant à la fois l'organisation de l'espace, le système de gouvernance qui guide son évolution et les perturbations qui le secouent. Les historiens repèrent correctement les faits qui jalonnent l'évolution d'une société, mais ils ne sont pas tous nécessaires à la compréhension d'un territoire (Marchand, 1990), et leur inscription spatiale et les conséquences qui en découlent dans les organisations géographiques sont par ailleurs rarement prises en compte. Les économistes se concentrent quant à eux sur le jeu des agents en laissant souvent de côté les incidences territoriales. La géographie moderne, au travers d'une approche systémique, est à même de rendre compte de ce type de phénomènes (Elissalde, 2000). L'exemple qui suit illustre parfaitement comment à partir d'un ensemble d'approches qui lient modélisation graphique et approche systémique, il est possible de rendre compte à la fois de l'organisation spatiale d'un territoire, des bifurcations qui ont affecté ce système et des interrelations qui expliquent son maintien. On lie donc une démarche synchronique qui vise à repérer un dispositif structurel, et une démarche diachronique afin d'identifier les interactions dans le temps qui produisent ce dispositif (Auriac, 1983).

L'organisation spatiale des territoires frontaliers est difficile à appréhender et doit beaucoup aux multiples acteurs qui par leurs décisions ont orienté de manière radicale leurs évolutions. Il en reste aujourd'hui une structuration, mais aussi et surtout des dynamiques empreintes des choix et des bifurcations antérieures. Rendre compte de ces phénomènes est difficile et revient, si on souhaite comprendre l'organisation et le fonctionnement de ces territoires à l'heure actuelle, à étudier leur évolution. La frontière ici doit être abordée comme une discontinuité à l'origine de différences, mais également comme un facteur de continuités. C'est en effet une triple continuité qui détermine le fonctionnement du territoire transfrontalier horloger franco-suisse situé dans l'arc jurassien :

- naturelle, parce que le massif du Jura franco-suisse présente une remarquable continuité, géologique, topographique, climatique et paysagère qui a finalement, comme nous le verrons, favorisé l'implantation de l'industrie horlogère ;
- historique, parce que l'évolution de la Franche-Comté, du Comté de Neuchâtel puis du Canton de Neuchâtel sont étroitement liées : les bifurcations observées dans l'évolution du système horloger montrent clairement l'imbrication de la logique de production, renforçant l'idée de continuité fonctionnelle ;
- fonctionnelle donc, parce qu'il faut envisager la frontière non pas seulement comme une séparation, mais comme un trait d'union impliquant des différences dans la gestion des territoires et, par conséquent, une adaptation des acteurs engendrant de multiples relations qui traduisent finalement des complémentarités.

Cependant, la discontinuité existe d'un point de vue de l'organisation de l'espace et du territoire, constituant en quelque sorte un moteur (Moine, 2003a). Il s'agit en effet d'un véritable système ouvert impliquant une adaptation différenciée vis-à-vis des aléas extérieurs et entraînant des rétroactions internes à chaque sous-système territorial (territoires frontaliers) et entre ces sous-systèmes entraînant leur évolution. Ainsi, continuité et discontinuité se superposent, s'entremêlent et s'influencent mutuellement pour expliquer l'évolution de territoires où « la discontinuité décisoire dans la continuité naturelle » telle que la présentait Pierre Bourdieu, détermine une continuité fonctionnelle très forte qui ne signifie pas pour autant homogénéité des systèmes d'acteurs de part et d'autre de la frontière. Nous nous proposons donc d'imbriquer trois approches complémentaires comme le préconise Jean Renard (Renard, 2002) en remontant l'histoire de ce territoire :

- représenter l'organisation et les structures spatiales du territoire étudié à l'aide d'un modèle graphique fondé sur l'utilisation de chorèmes ;
- identifier les dates clés qui permettent de comprendre comment les acteurs ont influencé l'évolution de leur territoire ;
- décrire la structure et l'évolution territoriale, politique et historique de notre espace d'étude grâce à une approche systémique.

Représenter les dynamiques actuelles

Il s'agit donc dans un premier temps de poser le point de départ de l'observation au travers de la restitution de l'organisation spatiale de l'espace transfrontalier étudié. Cette première approche repose bien entendu sur la mise en œuvre d'outils et de données classiquement utilisés par les géographes, permettant de présenter des phénomènes structurels (la répartition des entreprises, des services, de la population, des réseaux, etc.) et des phénomènes dynamiques (évolutions des différents indicateurs, flux, etc.). Cette production d'information est importante et va permettre au travers d'une représentation spécifique (modèle graphique), de rendre compte à la fois des structures et des dynamiques de l'espace transfrontalier concerné.

Celui-ci est finalement largement dissymétrique, mais présente toutefois de réelles régularités. De multiples flux apparaissent, à la fois causes et conséquences du fonctionnement concurrentiel de deux territoires (Bobillier-Chaumont, 1998), ce que traduira le schéma conceptuel présenté dans la deuxième partie de la démarche (Fig. 3.3).

Ainsi apparaissent :

- des concentrations de main-d'œuvre autour des points de franchissements frontaliers en France, en relation avec le développement des emplois frontaliers en Suisse ;
- des concentrations d'entreprises autour des points de franchissement afin de bénéficier de la main-d'œuvre française, en Suisse ;
- un gradient de la structure par âge de la population, fonction de la distance à la frontière, inversé entre la France et la Suisse (Fallet et Schüler, 1996), induit par la présence des travailleurs frontaliers ;

Figure 3.3 : Un modèle graphique pour rendre compte de l'organisation spatiale du Haut-Doubs horloger

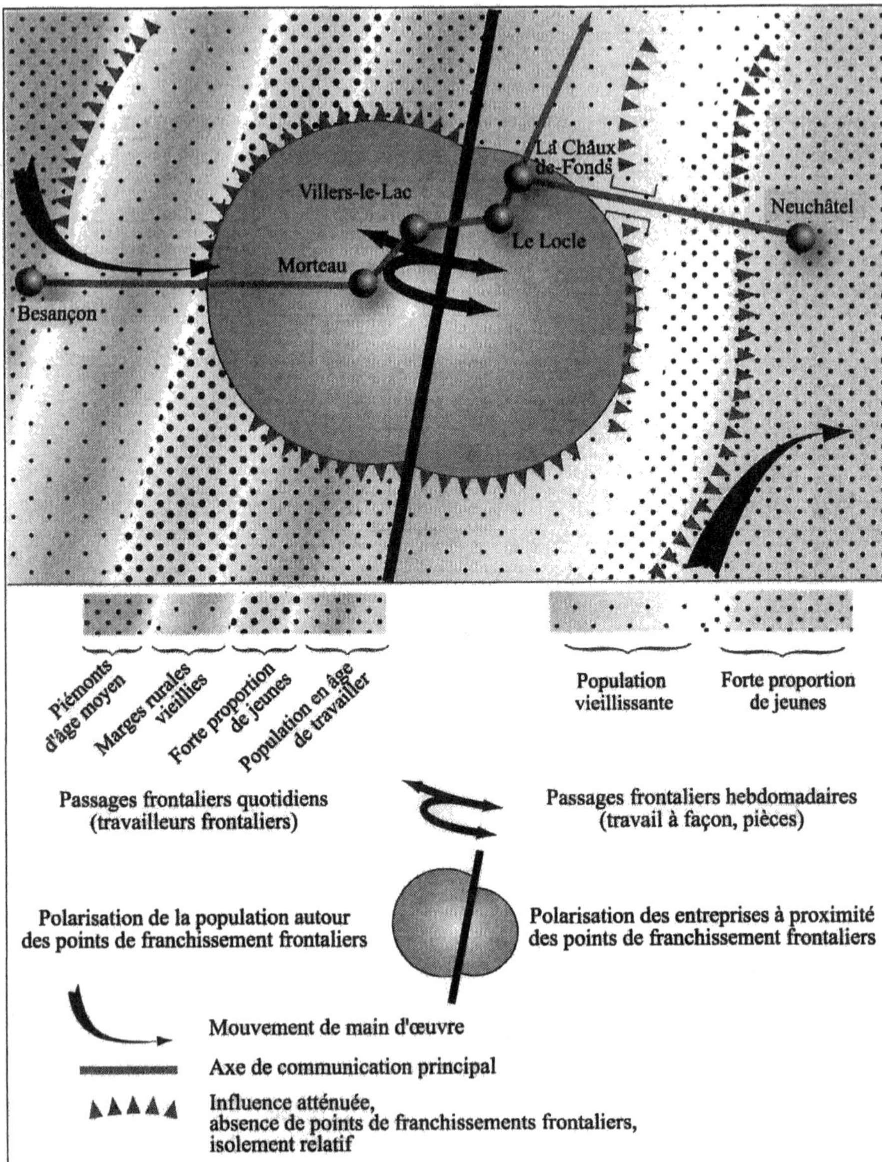

MOINE (A), 2003, « Génèse d'un territoire horloger transfrontalier », *Images de Franche-Comté*, n° 28, Université de Franche-Comté, Besançon, pp. 10-13.

- des dynamiques de population très différenciées, puisque la partie française maintient sa population alors qu'en Suisse elle s'érode ;
- une organisation similaire entre France et Suisse, où les centres de recherche se situent en piémont (respectivement Besançon et Neuchâtel) et les centres de production en altitude (respectivement Morteau, Maîche, Charquemont et Le Locle, La Chaux-de-Fonds et le Val de Saint-Imier) ;
- des flux transfrontaliers de pièces horlogères ; le partenariat de la Franche-Comté avec des entreprises suisses concerne principalement les cantons où le secteur des microtechniques et plus particulièrement de l'horlogerie est implanté, révélant les liens étroits qui se sont noués autour du travail à façon. Les pièces sont conçues en Suisse, usinées en France et définitivement assemblées en Suisse pour produire des mécanismes estampillés « Swiss made » ;
- de récents flux transfrontaliers de main-d'œuvre, qui traduisent un déséquilibre fonctionnel entre système de formation et de production.

Le résultat est celui d'un espace dont la structuration dépend étroitement de la présence de la frontière, barrière institutionnelle organisant les interactions spatiales (concentrations, flux, gradients et finalement dynamiques de population). L'organisation de cet espace transfrontalier procède en fait d'une lente évolution qui s'appuie à la fois sur les nombreux acteurs qui ont animé son développement, mais également sur des influences extérieures qui ont bouleversé les équilibres locaux et forcés à des choix, des adaptations notamment dans le domaine industriel. Car l'horlogerie est au cœur du fonctionnement de cet espace et nous le poserons comme hypothèse de départ. Il est donc nécessaire de revenir sur les dates qui semblent avoir guidé cette évolution. Elles correspondent le plus souvent à des points d'entrée de l'innovation en matière d'horlogerie en relation avec les aléas politiques internationaux, et induisent des ruptures dans le fonctionnement des territoires concernés.

Remonter l'histoire pour comprendre l'organisation d'un territoire

En déroulant l'histoire de ce territoire, nous nous trouvons face à une multitude de faits plus ou moins importants qui ont influencé à la fois son organisation et son évolution. L'horlogerie étant au cœur des dynamiques actuelles, tant sur le plan économique, social que culturel, ceci nous amène à centrer notre démarche sur la manière dont l'espace s'est progressivement organisé autour de cette activité. Nous recherchons ainsi certaines des caractéristiques intrinsèques sur lesquelles repose la singularité du territoire étudié, et certaines des propriétés de son environnement, qui apparaissent en effet incontournables pour comprendre son fonctionnement actuel (Hélias, 1997 et 2004).

Figure 3.4 : Une lente structuration de l'espace franco-suisse

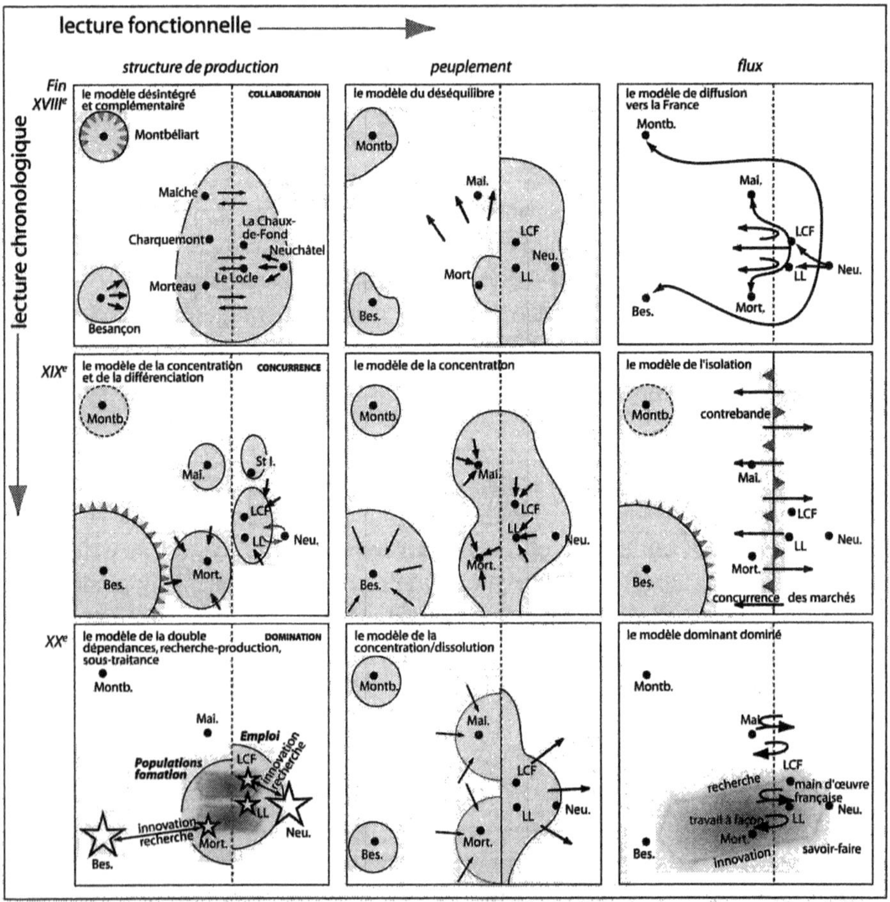

MOINE (A.), 2003, « Evolution d'une espace transfrontalier : le territoire horloger franco-suisse de l'arc jurassien », in *L'information Géographique*, pp. 21-34, volume 67, Editions SEDES.

Revenons donc sur l'apparition de l'activité dans l'Arc jurassien : c'est une succession de migrations qui va porter dans les montagnes des techniques que l'on pensait plutôt réservées aux fabriques des villes, en provenance de Blois tout d'abord suite à la fuite de protestants fuyant vers Genève (XVIIe). Ce sont ensuite des horlogers catholiques qui émigrent vers Neuchâtel (XVIIIe) et trouvent des conditions de développement idéales. Les modes de production fondés sur une multitude de sous-traitants qui restent hors de la ville nécessitent la présence d'une importante main-d'œuvre. Or, le changement socio-économique endogène (abandon du tissage à domicile[16], individualisme agraire[17]), l'homogénéité sociale des campagnes montagnardes et une relative surpopulation locale, favorisent l'adoption d'une activité nouvelle venue des centres du piémont suisse voisin. Ainsi s'étend progressivement l'industrie horlogère par diffusion locale des savoir-faire et des connaissances de la montagne suisse (Le Locle, La Chaux-de-Fonds) vers le Haut-Doubs français. Les maigres rendements agricoles et la disponibilité de main-d'œuvre durant les longs mois d'hiver, poussent dans un premier temps des paysans-éleveurs vers le double emploi, puis rapidement vers des emplois définitifs dans l'horlogerie. Encore fallait-il qu'ils sachent maîtriser certaines techniques, ce que leur permettait leur pratique ancienne de l'industrie du fer (Lassus, 1980). Ici, réapparaît clairement la continuité naturelle : des conditions géologiques, topographiques et climatiques identiques ; qui impliquent des fonctionnements agricoles très proches.

Les déterminants qui vont permettre d'enclencher l'émergence d'un nouveau système, remplaçant le système traditionnel fondé sur une agriculture extensive de montagne, sont en place et clairement identifiés. Le territoire horloger transfrontalier évolue alors au gré des aléas économiques successifs. Une représentation sous forme de graphique à double entrée permet de croiser une lecture chronologique par siècle et une lecture fonctionnelle qui reprend les éléments clés du modèle graphique présenté dans un premier temps (localisation des entreprises, des populations, et flux).

Cette démarche (Fig. 3.4) rend clairement compte de l'évolution de l'espace étudié :

- une première phase durant laquelle la collaboration prévaut entre les systèmes de production français et suisses, les structures sont très atomisées, les échanges de part et d'autre de la frontière sont très nombreux tandis que le peuplement plus important en Suisse qu'en France montre une forte dissymétrie ;
- durant la période suivante, le développement de l'horlogerie est tel en France, que la concurrence s'aiguise vis-à-vis de la Suisse, et la

[16] L'industrialisation de la production, notamment dans les vallées vosgiennes, a accéléré le processus.

[17] La structuration progressive de la production agricole, autour des fruitières qui nécessitent des investissements réservés aux plus nantis, exclut les agriculteurs les plus pauvres du système.

collaboration laisse place à des relations plus tendues mais qui demeurent. La fabrication se concentre dans les petites villes en France comme en Suisse et le peuplement autour de la frontière devient plus homogène (Daveau, 1959). C'est l'État français et la Confédération helvétique qui imposent des quotas sur les importations de montres ou de pièces, déclenchant des phénomènes de contrebande autour de la frontière qui se ferme administrativement, mais demeure suffisamment poreuse, par consensus des acteurs locaux, pour que l'activité horlogère continue de se développer ;

- le système bascule autour de la fin du XIXe siècle, mais les structures de production demeurent concentrées dans les villes de montagne, alors que la recherche émerge dans les villes de piémont (respectivement Besançon en France et Neuchâtel en Suisse). Très concentrée autour des points de franchissement frontaliers, la localisation de la population française illustre le rapport dominant-dominé qui s'est instauré, où les entreprises françaises deviennent sous-traitantes des entreprises suisses, alors que les flux de travailleurs, de pièces et de montres se multiplient autour de la frontière.

On peut donc observer une relation étroite entre les structures de production, le peuplement et les flux qui s'organisent autour d'une frontière tantôt ouverte, tantôt fermée, entraînant une évolution de l'organisation de l'espace influencée par les liens que les deux pays entretiennent. La situation de collaboration dans les deux pays (à la fin du XVIIe siècle) cède en effet la place à une situation de concurrence tandis que les mêmes processus de concentration de la production et de la population sont à l'œuvre, pour enfin laisser place à une situation de domination des entreprises suisses vis-à-vis des entreprises françaises à l'heure actuelle. Cette lente structuration de l'espace transfrontalier trouve des explications dans le comportement des acteurs vis-à-vis d'un certain nombre de perturbations qui ébranlent ce système quelque peu fermé depuis de longues années. Il s'agit donc de comprendre à quels moments certains acteurs, par leurs choix, ont orienté le fonctionnement de ce qu'il convient maintenant d'appeler un territoire qui s'est finalement constitué autour des multiples relations qui fondent la gouvernance locale.

Identifier les acteurs, les choix, les bifurcations qui ont fait évoluer le territoire

Les dates clés qui semblent constituer les points de bifurcation majeurs du système territorial transfrontalier permettent de comprendre le passage d'un système organisé autour de multiples acteurs atomisés, solidaires, mais en même temps très individualistes, à un système plus concentré (Moine,

2003b) C'est essentiellement la concurrence extérieure (Fig. 3.6) qui pousse à l'innovation et entraîne progressivement la disparition des multiples sous-traitants des établisseurs[18] qui va guider l'évolution des relations entre les horlogers français et suisses :

- suite à l'exposition universelle de Philadelphie en 1877, on constate que les horlogers américains ont réussi à automatiser une partie de la production. Les Suisses tout d'abord comprennent vite qu'il faut suivre cette orientation, dès la fin du XIXe siècle. Les Francs-Comtois, quant à eux, prennent du retard et conservent le système des « établisseurs » alors que la fabrication complète de la montre par procédé mécanique est à l'œuvre. De plus les acteurs suisses se regroupent progressivement et adoptent un régime corporatif, le statut légal, mis en place dans les années 1930 et aboli en 1970. Il permet de gros investissements industriels et commerciaux en instituant une contribution obligatoire. L'équivalent, la taxe parafiscale, ne sera institué en France qu'à partir de 1963.
- Le deuxième point de rupture se situe entre la fin des années 1960 et la fin des années 1970. La domination de l'horlogerie suisse sur l'horlogerie française s'accentue avec la généralisation du quartz et la montée en puissance de la concurrence asiatique et américaine par cet intermédiaire. Les deux systèmes de production français et suisse réagissent de manière différente par rapport à la modification de leur environnement (Pfister, 1995). En Suisse, l'innovation est bien accueillie d'autant que les structures de production disposent de la taille critique pour l'assimiler, et le choix est fait de créer un Centre Électronique Horloger afin de développer la montre électronique. En France, par contre, l'avenir de l'horlogerie n'est pas prioritaire dans le développement national (Ramunni, 1995) et les logiques d'acteurs sont divergentes, le relais des recherches communes n'étant pas assuré dans les entreprises (Ternant, 1995).

Schématiquement, l'arc jurassien suisse va profondément se restructurer et « entrer dans un processus de rutpure-filiation marqué par l'émergence et le développement d'une industrie des microtechniques » (Maillat, 1993) :

- côté français, une partie de l'industrie horlogère disparaît par manque de cohésion face à de nécessaires restructurations afin d'intégrer le mouvement électrique tout d'abord, puis la technique du quartz. Le caractère conflictuel des relations interprofessionnelles, l'individualisme des stratégies de multiples entreprises disséminées et faiblement fédérées, nuit à la mise en place d'une démarche concertée.

[18] L'établisseur assemble les différentes pièces qui composent une montre pour en faire un produit fini.

Figure 3.5 : Des influences exogènes qui forcent les acteurs à s'adapter

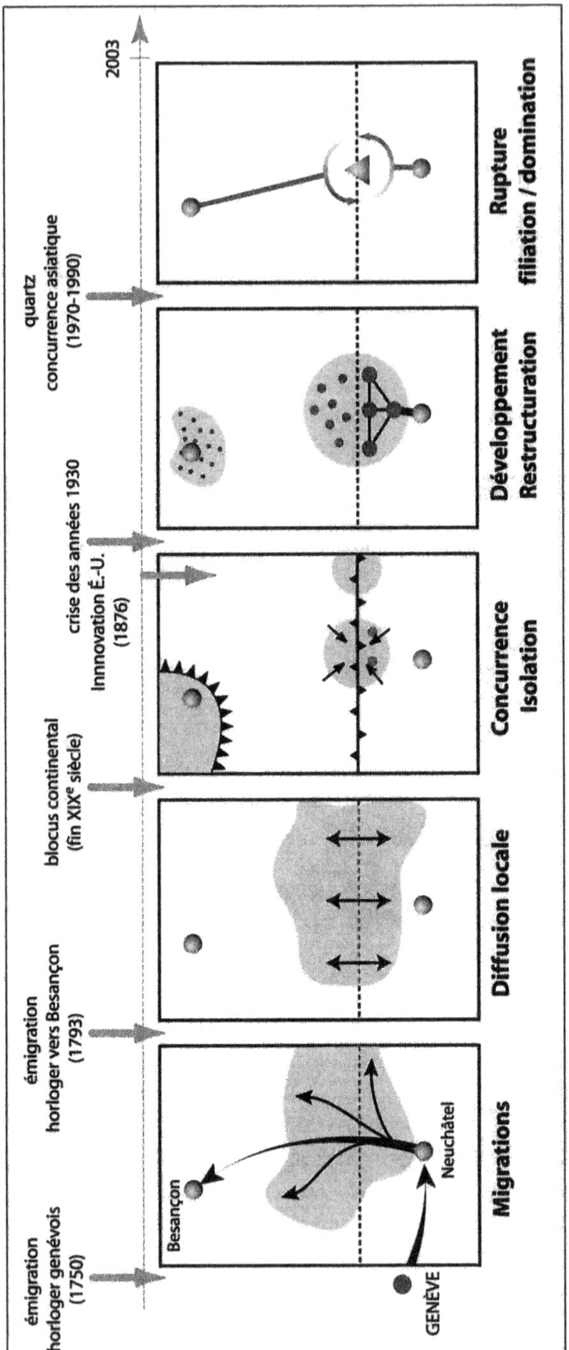

MOINE (A.), 2003, « Représentation et compréhension de la systémogenèse d'un espace de production transfrontalier », in *Mappemonde*, Ed. Belin-Reclus, n° 69.

- Côté suisse, par contre, les dispositions cartellaires précoces, issues de la dépression du début des années 1930, confèrent une cohésion remarquable aux acteurs, limitant la concurrence interne, rationalisant la production et permettant une réponse coordonnée face à la montée de la concurrence extérieure.

On relève donc finalement une série de phénomènes qui ont influencé le devenir de l'horlogerie du Haut-Doubs (Fig. 3.5) ;

- exogènes, ils ont alors à la fois porté l'horlogerie en ces lieux (émigration des Genevois en 1750, puis des horlogers vers la France en 1793) et influencé ensuite son évolution (blocus des échanges entre les deux pays, innovations et crise en provenance des États-Unis, concurrence des pays asiatiques). Ces phénomènes exogènes ont influencé à un moment donné, les systèmes territoriaux en présence, de part et d'autre de la frontière, engendrant des effets et d'inévitables boucles de rétroaction qui ont orienté à la fois l'évolution des systèmes d'acteurs concernés et l'organisation des espaces géographiques correspondants. Ceci peut être représenté grâce à un diagramme causal qui montre comment à partir des conditions initiales qui prévalaient à la fin du XVIIIe siècle, les relations au sein du système ont évolué vers leur organisation actuelle ;
- endogènes, puisque sans des conditions initiales favorables, l'horlogerie ne se serait jamais implantée dans le Haut-Doubs.

Si l'espace peut donc être considéré comme un élément moteur dans l'évolution d'un territoire, plus encore, lorsqu'il se trouve asservi par des limites qui déterminent des modes de fonctionnement socio-économiques différents, il paraît clair que les systèmes d'acteurs sont prépondérants. Par leurs choix, ils guident l'organisation de l'espace géographique. Il faut donc à la fois retracer l'évolution des relations entre les différents acteurs, de manière globale, et l'évolution de l'organisation spatiale pour comprendre l'organisation territoriale actuelle liant donc les acteurs et l'espace géographique. Si l'approche systémique est un outil puissant dans ce cas, il est cependant nécessaire de combiner un ensemble d'approches afin de conserver sa dimension heuristique à la démarche :

- l'utilisation du diagramme causal permet de visualiser les interrelations entre les phénomènes, afin de comprendre les boucles de rétroaction qui sont apparues, expliquant la dynamique du territoire ;
- il faut représenter graphiquement la résultante de l'interaction entre décisions des acteurs et espace, grâce à un tableau à double entrée qui permet de formaliser l'évolution des différentes structures qui organisent l'espace (production, peuplement, flux) ;

– il faut enfin traduire l'organisation actuelle de l'espace sous forme de modèles graphiques, mais également le positionnement des différents acteurs, à la fois spatial et organisationnel. Dans ce dernier cas les outils actuels ne nous permettent pas une intégration efficace dans le cadre d'une représentation unique.

C'est ce que nous allons essayer d'aborder dans le cadre de la compréhension de l'organisation et du fonctionnement d'un territoire régional, à l'aide des outils traditionnellement utilisés pour cela, qu'il s'agit de compléter afin de tenir compte du jeu des acteurs locaux.

Chapitre 4

COMPRENDRE LE FONCTIONNEMENT D'UN TERRITOIRE DE PROJET

le cas du pays horloger franc-comtois

La question de la décentralisation montre que les habits institutionnels sont trop étriqués pour accompagner le fonctionnement des territoires. Sans la remettre en question, ce n'est pas le lieu, il s'agit de comprendre que les solutions ne peuvent émerger que d'un positionnement spontané des acteurs locaux. On parlera d'auto-organisation, propre aux systèmes complexes. Un ensemble d'acteurs, dès lors qu'il en a la possibilité, noue des relations, s'associe autour de projets et d'actions, s'appuyant sur les dispositifs des différents échelons institutionnels. Rien de nouveau dans ces processus d'auto-organisation, à la seule différence près que législativement on leur reconnaît la possibilité d'exister sans *a priori*.

On ne sait pas forcément ce qu'un système territorial sera, on ne connaît pas *a priori* sa trajectoire, mais on sait qu'en lui donnant de l'autonomie, son développement se fera en fonction des contraintes et opportunités du moment, ou de celles pressenties. Nous proposons de rendre compte de l'émergence d'un tel type de territoire, en nous appuyant sur l'expérience d'un pays test au sens de la loi LOADT de 1995, devenu aujourd'hui le Pays Horloger. Les relations entre les acteurs, les projets mis en place, montrent un territoire en « tension », c'est-à-dire dont l'équilibre procède d'une multitude d'interactions qui façonnent son devenir. Nous nous intéressons au système d'acteurs, à son évolution, tout en tenant compte de l'espace géographique au sein duquel ils évoluent, en l'occurrence un espace frontalier.

La notion de Pays institue les territoires de projet

Le Pays, une sorte de bassin de vie

Il existe une confusion fréquente entre les bassins de vie et les Pays. En effet, la quotidienneté doit être prise en charge au niveau des pays, et cela renvoie en partie à la notion de services de proximité, dans le sens large du terme. À ce titre, il existe à l'heure actuelle une certaine confusion entre les bassins de vie et les Pays, ce que montre bien B. Leurquin qui insiste sur le fait que les bassins de vie sont issus d'une approche statistique de l'INSEE, il y en a environ 9 000 en France métropolitaine. Le Pays, quant à lui, n'est pas fondé sur une approche consumériste, mais sur une logique de volontariat, de choix par rapport à un territoire. Cependant, les deux approches ne sont pas contradictoires et on imagine bien que le Pays puisse devenir en quelque sorte un « bassin de vie idéal » (Leurquin, 1997).

Dans ce sens, la dynamique intercommunale préfigure-t-elle l'émergence d'un Pays ? Le regroupement de communes naît souvent au départ d'un sentiment d'appartenance à un même territoire, et autour de la défense ou de la promotion d'un intérêt commun. Dans ce sens, la notion d'intercommunalité s'inscrit alors dans une perspective socio-géographique de développement local (Gouin-Levêque, 1999). Or, d'après les textes, le Pays est un territoire de référence pour l'aménagement et le développement, il est défini sur la base d'échanges volontaires entre les différents acteurs de la société civile et les élus locaux. Il apparaît donc que l'intercommunalité est un élément moteur de la constitution des Pays, mais l'existence de structures ne signifie pas forcément émergence de Pays ; à l'inverse, des Pays peuvent se constituer là où il n'existe aucune structure intercommunale. Ainsi, au regard de la carte de l'intercommunalité en France et de celle des Pays, la relation n'est plus si évidente. Globalement le paysage intercommunal français est peu homogène[19], les comportements régionaux sont très contrastés (Limouzin, 1998), et les densités les plus importantes se retrouvent dans l'ouest alors qu'il ne s'agit pas du lieu où émergent en priorité les Pays : au contraire c'est dans la région Centre que le nombre de Pays en voie d'émergence était le plus grand en 1997..., mais initiés par des programmes régionaux[20] afin de rattraper le retard intercommunal accumulé (Gillardot, 1999) ! Il faut également être attentif au fait qu'il existe des ambiguïtés liées au découpage intercommunal (Fougère, 1999). En effet, les regroupements intercommunaux correspondent dans certains cas à des stratégies d'élus « afin de contrôler des ressources diverses susceptibles de conforter des positions politiques » (Gaxie, 1997). Où se situe alors le sentiment d'appartenance et de reconnaissance des habitants qui doit

[19] D'après l'observatoire de l'intercommunalité.

[20] « En région Centre, le découpage en Pays a été proposé par les conseils généraux assistés par les associations des maires ».

prévaloir ? Il faut par ailleurs ajouter que les coopérations intercommunales ne remettent pas ou très peu en cause les limites cantonales ou départementales, créant de ce fait une sorte d'étanchéité spatiale qui nuit au développement des territoires concernés.

En fait, comme l'affirme Nicolas PORTIER (Portier, 1999), « le Pays (ou les agglomérations) matérialise(nt) peu ou prou les solidarités territoriales ressenties par les ménages, les entreprises, les composantes de la société civile qui évoluent au quotidien par-delà les « territoires administratifs » et les circonscriptions du politique ». D'ailleurs comme le souligne Florence Vaivre dans la conclusion de sa thèse (Vaivre, 2002), « la structuration et le fonctionnement des Pays reposent sur la notion d'acteurs en interaction », et souligne par ailleurs l'importance des organisations intercommunales comme rouage central de la construction des Pays. Le territoire en tant que système, trouve aujourd'hui une véritable reconnaissance puisqu'on ne peut comprendre les territoires de projet sans en avoir analysé les processus inter-organisationnels qui reposent étroitement sur le rôle et le comportement des acteurs locaux. Grâce aux nouveaux dispositifs territoriaux, que sont les pays et les agglomérations, la société civile retrouve ainsi une place prépondérante en tant qu'acteur local, à la fois moteur du développement et identifiant territorial. Au 31 décembre 2004, 267 Pays avaient signé ou prévu de signer un contrat (soit 80 % des Pays). Le nombre de contrats d'agglomération est également en augmentation, fin 2004, 113 contrats étaient signés ou en cours de signature (67 % des agglomérations). Ce sont potentiellement 140 agglomérations qui sont concernées suivant les prescriptions de la loi d'orientation pour l'aménagement et le développement durable du territoire du 25 juin 1999.

Pour prendre la mesure de la portée de ces dispositifs dans le développement des territoires, examinons donc maintenant un exemple de territoire de projet en cours d'émergence, afin de comprendre quel est le rôle des acteurs, mais aussi le poids des organisations spatiales dans leur émergence et leur structuration (Moine, 2004a).

Le projet de Pays pour créer une cohésion autour des acteurs et aménager le territoire : l'exemple du pays horloger

Le Pays horloger franc-comtois a été promu pays test parmi 41 autres en 1996. Il s'agit donc au sens de la loi, d'un véritable territoire de projet dont la particularité est d'être frontalier, et de disposer d'une histoire riche qui a déterminé la mise en place d'un véritable Système Productif Localisé (SPL), qui s'étend par ailleurs au-delà de la frontière. Il en résulte aujourd'hui un territoire de projet fondé sur un ensemble d'EPCI, dont le développement est décrit par une charte.

Figure 4.1 : Un pays aux extrémités divergentes

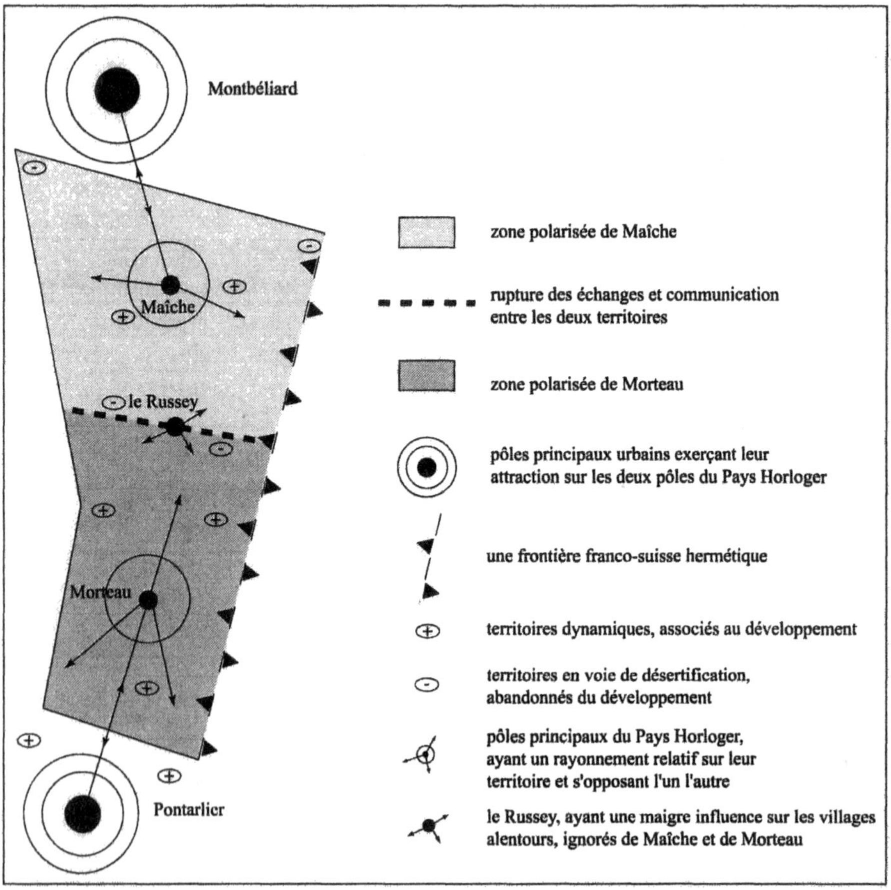

Ce territoire horloger s'inscrit bien entendu dans des cadres administratifs classiques (Région, département, commune) qui proposent des orientations de développement, auxquels il s'agit encore d'ajouter le cadre de la coopération transfrontalière. Aujourd'hui, il est intéressant de comprendre l'évolution de ce Pays qui a été l'un des premiers en Franche-Comté à adopter sa charte. Deux questions émergent :

- comment, dans le cadre d'un territoire de projet tel qu'il est présenté par la LOADDT 99, les différents découpages institutionnels se complètent-ils, voire interfèrent-ils ?
- Comment le Pays horloger, qui reste fonctionnellement parlant un territoire très fortement influencé par la présence de la frontière avec la Suisse, intègre-t-il ou non cette dimension institutionnelle dans son développement ?

En répondant à ces questions il s'agit de révéler le fonctionnement d'un territoire en tension, où le rôle des acteurs est complexe, peut-être quelques fois redondant ou bien même encore contradictoire. Ainsi, au travers de l'analyse de sa construction et de son fonctionnement, nous essaierons de comprendre dans quelles mesures le développement du Pays Horloger est soutenu par les différentes échelles institutionnelles qui se superposent.

La mise en place du Pays : une naissance au forceps

Alors que la Loi Pasqua de 1995 prévoit la mise en place de 42 Pays tests en France, le choix de l'État se porte sur ce territoire frontalier dont les dynamiques spécifiques peuvent soutenir une expérimentation complémentaire par rapport aux autres territoires tests. Cependant, localement, aucune volonté ne s'exprime et le dossier de candidature est formulé par le Préfet de Région Raymond-Max Aubert. Dans un premier temps, beaucoup voient finalement dans ce choix une chance, pour le développement local d'un espace faiblement polarisé, relativement enclavé et dans tous les cas très périphérique à quelque niveau d'échelle que ce soit. Las, le projet dépend de la volonté des élus de travailler ensemble, et les bonnes intentions se dissipent petit à petit devant l'accumulation des obstacles, notamment les querelles de clocher, les réticences à collaborer entre des structures intercommunales très disparates et finalement les distances kilométriques qui se doublent de fortes distances dans les esprits (Fig. 4.1). Dans tous les cas, à l'époque, les élus ont le sentiment d'être pris en otage. Ainsi pour résumer, le maire de Morteau, aujourd'hui président de la Communauté de Commune du Val de Morteau, Jean-Marie Binetruy, précise que « si l'opération de préfiguration n'était pas venue imposer ce découpage, le Pays Horloger n'aurait jamais existé ». Les territoires vécus se situent à une autre échelle, celle des intercommunalités naissantes.

La mise en place du Pays a été laborieuse selon le maire de Maîche Joseph Parrenin, marquée par une extrême lenteur des élus quant au choix du mode de fonctionnement ou tout simplement de l'adhésion. Il faut préciser que contrairement à tous les pays tests, il n'y a pas eu de diagnostic de territoire, alors qu'il s'agit d'une étape importante dans la constitution des Pays. Connaître l'organisation de l'espace géographique de référence et constituer un socle d'informations partagées est en effet indispensable. C'est le sous-préfet de Pontarlier chargé du dossier qui exerce son rôle d'animateur et d'incitateur. Le Syndicat Mixte du Pays Horloger (SMPH), chargé du pilotage du projet commun de développement du Pays, voit finalement le jour le 23 septembre 1996 soit plus d'un an après que le Pays ait été sélectionné comme Pays test. La structure du Pays Horloger trouve alors son expression dans un Syndicat Mixte composé de 4 membres de droit, le Département du Doubs, qui au travers de cette présence marque clairement sa volonté de ne pas être mis en marge de la réflexion relative à la mise en place des Pays, le District de Morteau, le SIVOM de Maîche et le SIVOM à la carte du canton du Russey. On remarque que les limites cantonales sont respectées, hormis en ce qui concerne le SIVOM de Maîche qui empiète sur celui sur celui de Saint-Hippolyte.

La mise en place des relations entre les territoires est difficile, en relation avec des coopérations intercommunales très disparates. Le District de Morteau est ancien (1973), en adéquation avec les limites administratives (canton) et avec le bassin de vie, les habitudes de coopération au sein de la structure sont bien ancrées d'autant qu'elles ne reposent que sur sept communes. Le SIVOM de Maîche est également ancien (1974), mais le nombre important de petites communes, rurales, faiblement intégrées, ne lui confère qu'une relative cohérence, en comparaison avec le district mortuacien. Le SIVOM du Russey est quant à lui récent, c'est un syndicat à la carte qui associe les communes suivant leur volonté à participer à certains projets. Il reste les cinq communes du plateau de Maîche appartenant au canton de Saint-Hippolyte et rattachées au Pays par cohérence géographique, mais difficiles à intégrer dans une logique de coopération et de partage tant elles ont dû jusqu'à présent compter sur leurs seules forces. En fin de compte, les alliances sont difficiles, et il faut partager des projets auparavant défendus par chaque structure alors que la conception du mandat local reste bien ancrée dans les esprits.

La mise en cohérence des acteurs souffre par ailleurs des différences de culture politique locale (Maîche est un noyau à gauche ceinturé de communes à droite) qui ont jusqu'à présent limité l'intégration des petites communes dans le cadre des structures intercommunales. En fait il n'y a pas de tradition d'échange, pire, l'esprit de clocher dessert les tentatives de coopération. Or le territoire est un lieu nourricier où notamment « les ressources proviennent des rapports qui ont su s'instaurer au sein du territoire, (...) entre les entreprises, (...) et entre les divers acteurs du territoire » (Morvan, 1997).

Un territoire de projet avait-il des chances d'exister dans ces conditions ? Certes, il n'y a pas eu d'analyse stratégique du territoire afin de repérer les enjeux de son développement et de les replacer dans un contexte plus global afin de les ancrer dans un programme d'action. Il n'y a donc pas de véritable projet commun fondé sur une démarche participative, d'autant plus que certains maires s'étaient retirés de la réflexion du comité de pilotage. Petit à petit la sensation qu'un groupe leader menait les débats et prenait les décisions a conduit à des désengagements. La conséquence est une démarche poursuivie avec résignation, tandis qu'aucune charte n'est venue sceller au moment venu l'engagement autour d'orientations fortes. C'est surtout un catalogue d'idées qui a été proposé dans un premier temps, dans les domaines suivants : industrie, agriculture, sport et culture, communication, alors qu'il manquait encore de véritables stratégies territoriales. L'espoir a heureusement été retrouvé avec la mise en place en 1998, du programme LEADER II du Pays Horloger autour de deux axes de développement : la valorisation du tissu PME/PMI et du potentiel touristique et culturel. Le programme communautaire a été une véritable planche de salut, il a permis à nouveau de fédérer les élus, comme si le projet de Pays avait achoppé sur un problème financier, alors que cela n'était pas le cas.

Aujourd'hui, quel bilan ? Des résultats intéressants sont perceptibles, ils montrent aux différents acteurs que les efforts peuvent être récompensés. Ils concernent principalement le domaine de l'économie. Ainsi, un projet d'action relativement ambitieux a été mis en place autour de la valorisation du savoir-faire en microtechniques afin de présenter le Pays comme « un pôle d'excellence ». Il concerne notamment la lutte vis-à-vis de la contrefaçon, et l'embauche d'un homme-ressource (J.-E.. Saliège) en partenariat avec la Chambre de Commerce et d'Industrie du Doubs, afin de faciliter l'accès des entreprises aux informations liées à l'innovation (veille technologique) ou plus simplement liées aux procédures diverses (subventions, douanes, import-export, marketing). La Charte de Pays, approuvée en décmbre 2003 par le Préfet, montre la volonté de soutenir et de renforcer le développement économique du pays et d'assurer une organisation spatiale équilibrée (Fig. 4.2).

Figure 4.2 : Une cohérence spatiale enfin atteinte ?

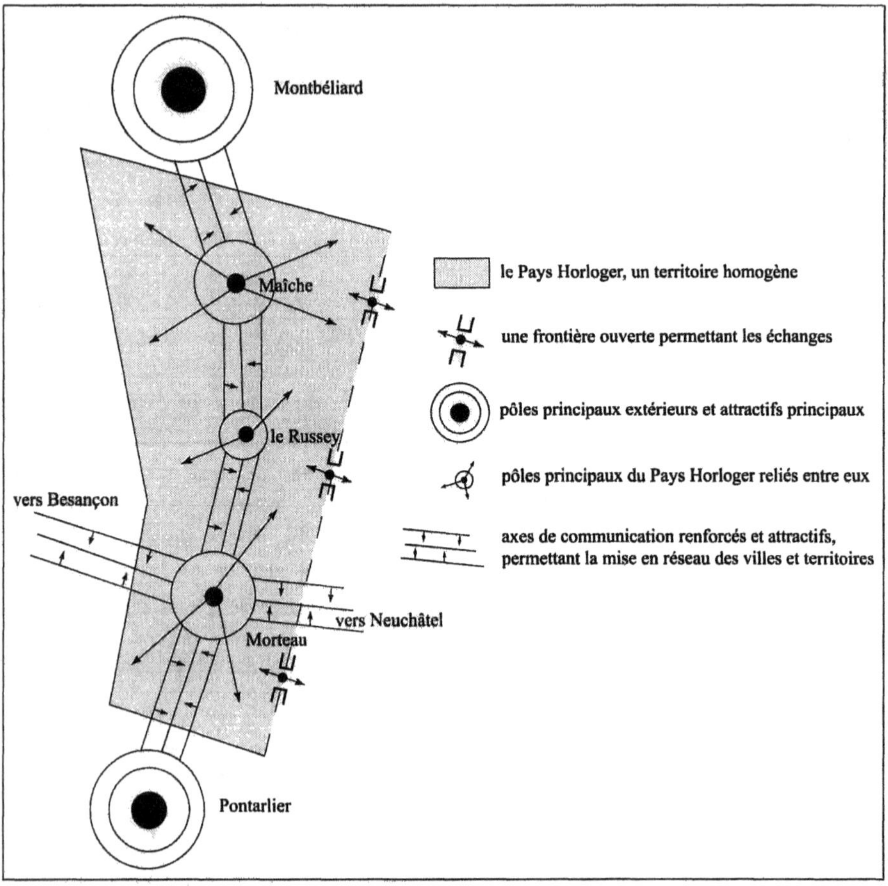

Le contrat de Pays a été signé en décembre 2004, il porte sur des actions économiques, liées au cadre de vie, au tourisme et à l'environnement. Le bilan semble donc aujourd'hui positif, et peut être résumé au travers de trois périodes et de trois personnes qui ont insufflé une dynamique au Pays Horloger :

- Jean-François HUMBERT (ancien président du Conseil Régional de Franche-Comté) qui a œuvré pour que le Pays Horloger n'implose pas, à une époque où rien encore ne réunissait les acteurs de ce territoire ;
- Daniel LEROUX, ancien Président du Syndicat Mixte du Pays horloger qui a lancé de multiples projets afin de fédérer les acteurs, en s'appuyant notamment sur des programmes territoriaux (LEADER II, Contrat Régional de Développement) ;
- Annie GENEVARD, actuelle Présidente du Syndicat Mixte, qui a réussi à effacer les antagonismes politiques et a véritablement insufflé une cohésion au sein du pays, autour d'un projet économique.

Le Pays horloger est aujourd'hui un véritable territoire de projet, il a entraîné la mise en place des intercommunalités indispensables, et ce sont maintenant 5 Communautés de Communes (Val de Morteau, Plateau du Russey, Plateau maîchois, Saint-Hippolyte, entre Dessoubre et Barbèche) qui structurent le territoire auxquelles il faut ajouter un SIVOM à la carte (GIDE entre Doubs et Dessoubre). Les élus sont conscients que se crée une identité et que s'élabore son devenir, laissant au Syndicat Mixte la charge de l'animation, alors que les élus agissent au travers d'actions concrètes. Néanmoins, au-delà de cette vision idyllique, il subsiste des décalages entre un territoire qui n'est institutionnel que par le truchement des intercommunalités sous-jacentes et des différents échelons institutionnels reconnus (commune, département, région et État).

Un fonctionnement autour de multiples acteurs

Le Pays assure la maîtrise d'ouvrage sur des projets très précis qui ne seront pas portés par les échelons institutionnels, c'est le cas notamment pour des actions relatives à l'étude des paysages et à la mesure de l'impact de l'enrésinement. Sinon, le Pays demeure avant tout un lieu où s'élaborent les projets, le Syndicat mixte validant les divers dossiers de demandes et favorisant le mise en place de financements. À ce titre, le Pays n'est pas un lieu de débat politique, cela est affirmé de manière très forte par les élus qui rejettent toute politisation des discussions. Ceci est indispensable tant les acteurs qui participent à son devenir sont nombreux :

Figure 4.3 : Les acteurs du pays horloger

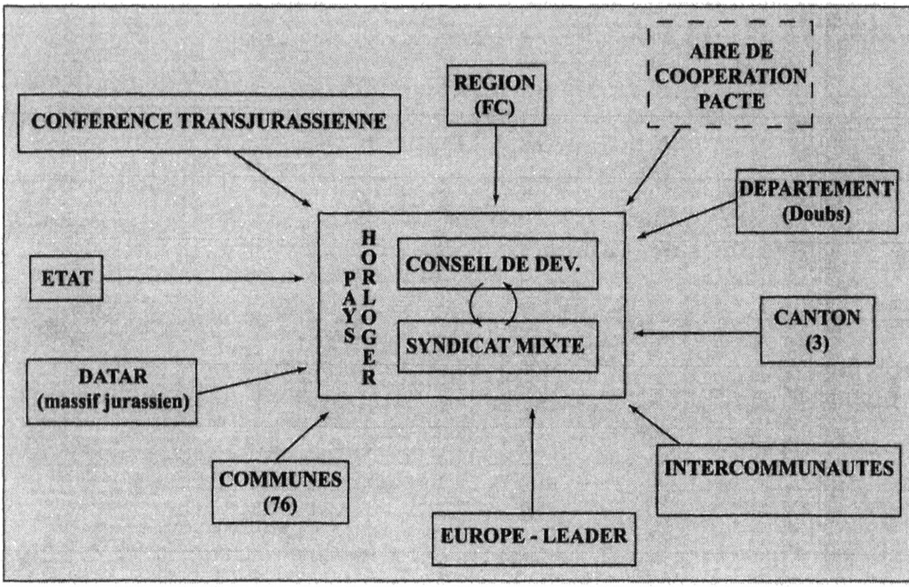

– le Conseil de Développement a élaboré la Charte du pays Horloger. Composé de 52 membres et mis en place en mars 2002, c'est une instance qui mobilise la société civile en associant les forces vives du territoire (organismes consulaires, monde associatif, entreprises). Cependant, passé la phase d'élaboration de la Charte est-ce que le Conseil de Développement aura la capacité à jouer un rôle consultatif comme c'est le cas finalement du CESR vis-à-vis de la Région ?

- Le Syndicat Mixte du Pays Horloger (EPCI créé en 1996) composé des représentants des structures intercommunales, est chargé de contractualiser dans le cadre du contrat de Pays signé en décembre 2004. Le Conseil de Développement est associé à l'évaluation des actions qui seront alors conduites ;
- les communes (78) et les intercommunalités (6) sont les échelons de mise en œuvre du projet de développement du territoire ; en effet le pays ne dessaisit pas les collectivités territoriales et les intercommunalités de leurs compétences, mais au contraire s'appuie sur celles-ci et fédère donc les différentes instances ;
- des partenaires divers peuvent être associés, notons par exemple la Conférence TransJurassienne (CTJ), créée en 1985 et recomposée en 2002, dont les actions portent sur la mise en œuvre et le soutien aux coopérations transfrontalières ; ou encore la DATAR dans le cadre des actions de développement du Massif jurassien[21]

Les acteurs sont donc multiples (Fig. 4.3), leurs compétences diversifiées, et ils forment un écheveau complexe. La complexité institutionnelle ne permet peut-être alors pas de résoudre la totalité des problèmes fonctionnels qui doivent être appréhendés à cette échelle, du fait notamment du manque de moyens en personnel. Une question se pose alors, le territoire fonctionnel est-il ou non correctement pris en compte par les acteurs institutionnels qui se dessinent à travers le pays horloger ?

Des territoires institutionnels prégnants

Le Pays est un nouveau venu, il vient donc s'inscrire dans un paysage institutionnel déjà riche. La mise en place du pays Horloger a ainsi favorisé l'émergence des structures intercommunales, et à ce jour les 78 communes du Pays Horloger sont structurées sous forme de Communautés de Communes ou de SIVOM à la carte. Cependant, les territoires institutionnels sous-jacents réapparaissent de manière récurrente et de multiples façons conduisant quelques fois à des formes de concurrence, posant la question de l'appartenance (qui sommes-nous et à quel territoire appartenons-nous ?) :

[21] Une réflexion est lancée depuis un an, visant à asseoir un Système Productif Localisé autour des métiers de luxe.

– le périmètre du Pays a été modifié afin d'accueillir 15 communes du canton de Saint-Hippolyte, ce dernier étant maintenant totalement représenté au sein du Pays. Cependant, on mesure ici la prégnance des dispositifs institutionnels, sachant par ailleurs que les élus de Morteau se sont opposés à cette intégration quelque peu forcée. On se situe ici en marge de deux systèmes et le Sous-Préfet alerté, ainsi que le département et la région, n'ont pas pris de position claire. Le problème a été résolu par l'ouverture faite aux élus de Saint-Hippolyte qui après un temps d'attente ont intégré le Pays horloger et validé la Charte ;
– le Pays chevauchant deux arrondissements (Montbéliard et Pontarlier), le Préfet de Région a missionné le Sous-Préfet de Pontarlier comme interlocuteur unique de la territorialité ;
– le Département du Doubs a le premier mis en place des crédits FIDEL[22], qui soutiennent un certain nombre d'actions[23] (renforcer l'économie, développer le tourisme comme vecteur de développement économique, améliorer le cadre de vie) et conduit par ailleurs la mise en place d'une route des micro-techniques entre Besançon et Villers-le-Lac vers La Chaux de Fonds et Neuchâtel. Il s'agit ici d'une démarche d'aménagement du territoire habituellement réservée à l'échelon régional, mais à la différence près, que le département soutient uniquement les projets innovants sans qu'il y ait notion d'anticipation comme dans le cadre de la planification régionale ;
– la Région a soutenu le développement du Pays Horloger à travers un contrat de Développement régional[24] qui s'est achevé en 2001, portant sur la mise en place de services à la population (centre nautique de Morteau, piscine de Maîche, salle de gymnastique de Morteau, maison des associations du Russey, informatisation des bibliothèques de Morteau, Maîche et du Russey). Ce sont les Contrats de Plan État-Région (CPER) qui, dès la validation définitive de la Charte, vont permettre d'asseoir le développement d'un certain nombre de projets.

Ainsi, il est clairement précisé dans la Charte, que le Pays peut être le lieu d'intervention des politiques publiques de l'État, de la région de Franche-Comté et du département du Doubs en adéquation avec les objectifs de développement du Pays. Autant dire que les élus locaux sont ouverts à tous les subsides, ce qui ne manque pas de créer une forme d'émulation. Cependant, il demeure des problèmes au niveau des financements croisés,

[22] Fonds d'Intervention pour le Developpement Local (1 861 620 euros entre 2001 et 2006).

[23] Charte de développement durable du Pays horloger, document papier, syndicat Mixte du Pays horloger, Morteau, 98 p.

[24] Pour un total de 586 979 euros.

notamment pour ce qui concerne les critères d'intervention, ce qui d'ailleurs légitime le rôle du Pays horloger qui assume l'ingénierie territoriale

Qu'en est-il des échelons communaux et de celui plus ou moins institutionnel des communautés de communes ? Dans l'esprit des élus il y a visiblement une hiérarchisation de ceux-ci : la commune demeure le référent de base, à la différence près qu'il y a délégation de compétences vers les Communautés de Communes et prise en charge par le Pays de ce qui ne peut se faire aux autres échelons. Il n'y a donc pas de compétition entre ces différents niveaux, mais les élus raisonnent d'abord sous l'angle de leur commune puis de l'intercommunalité lorsqu'il s'agit de certaines compétences et enfin, en dernier lieu, sous l'angle du Pays. Quant à dire que la commune pourrait être effacée par les structures intercommunales, cela pose le problème de la légitimité de ces structures et de l'élection au suffrage universel de leurs représentants, le débat demeure dans tous les cas en suspens à l'échelle nationale.

Le Pays quant à lui n'est absolument pas vécu comme un échelon supplémentaire, mais comme un lieu de partage en matière d'ingénierie territoriale, et d'expériences, à ce titre il demeure en porte-à-faux entre les territoires institutionnels sous-jacents que nous venons d'évoquer (Fig. 4.4), et le territoire fonctionnel qu'il dessine.

Un territoire frontalier plutôt qu'un territoire transfrontalier ?

Le devenir du Pays Horloger est difficilement dissociable de celui de la Suisse voisine. Il semble pourtant qu'à l'échelle du Pays, aucune réflexion relative à la coopération transfrontalière n'ait été mise en œuvre :

- la mise en place d'un Groupement Local de Coopération Transfrontalière (GLCT) n'a jamais été envisagée comme le prévoient les accords de Karlsruhe de 1996 ;
- la Conférence TransJurassienne (CTJ) qui regroupe la région de Franche-Comté, l'État et les Cantons suisses de Vaud, Neuchâtel, Berne et Jura, n'a pas encore mené de réflexion pour accompagner ces nouveaux territoires de projet ;
- le groupe de coopération transfrontalière PACTE, mis en place par la CTJ il y a une quinzaine d'années dans le cadre du soutien à la coopération de proximité, n'existe plus, miné par les difficultés de réaliser des actions concrètes (échec de la mise en place d'une zone binationale en France) ;

Figure 4.4 : Le chevauchement des territoires institutionnels du Pays Horloger

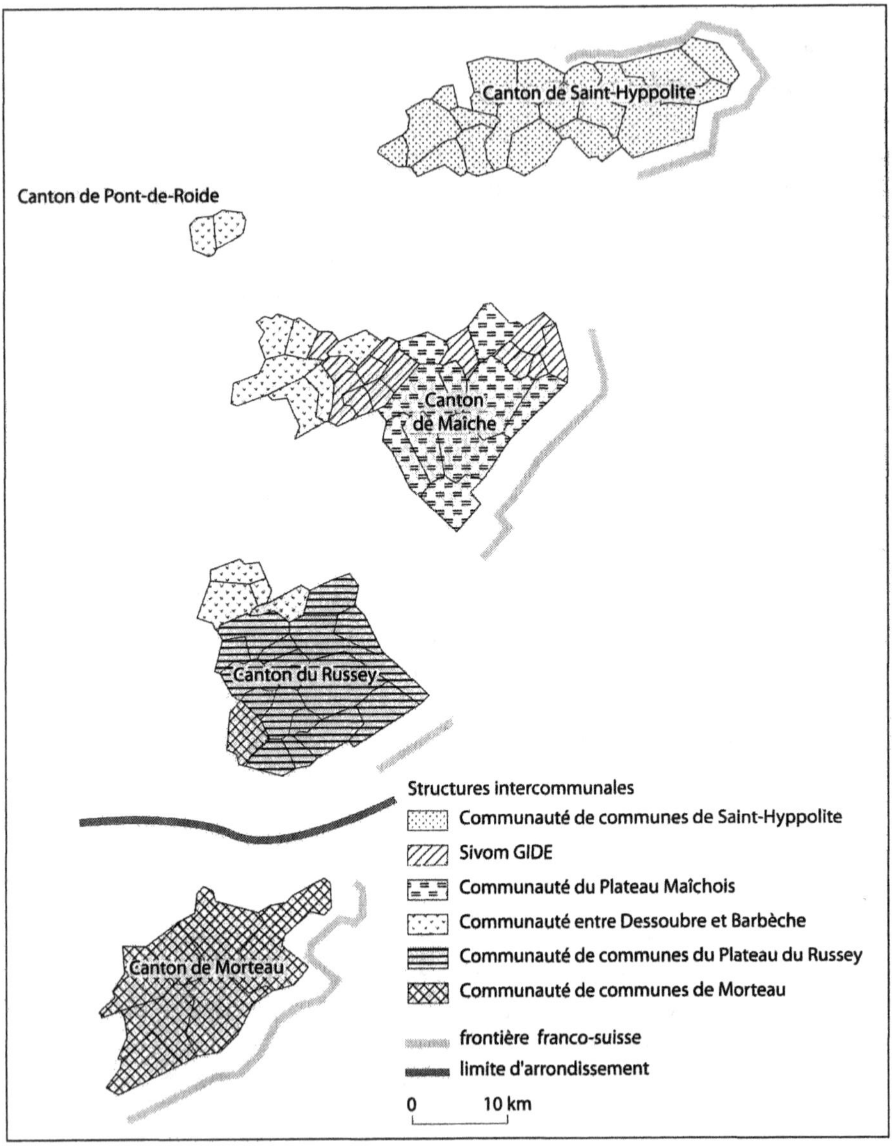

– il n'y a pas de mise en perspectives des projets ponctuels émergeant dans le cadre des Programmes d'Intérêt Communautaire (PIC) Interreg II ou Interreg III, ce qui peut expliquer un net déficit de projets dans ce secteur (Genre-Grandpierre, 1999) ou un éparpillement thématique comme cela est souvent relevé dans les Pays frontaliers[25] ;

– les coopérations ponctuelles sont le fait des communes, lorsqu'il y a continuité « urbaine » (Goumois, Villers-le-Lac), sinon la topographie locale (gorges du Doubs formant la frontière) ne s'y prête guère.

Il semble, en écoutant les élus, que la coopération transfrontalière s'ajoute aux autres formes de coopération déjà évoquées : la coopération intercommunale, puis celle motivée par le territoire de projet qu'est le Pays ; ce qui explique que cela ne soit pas une priorité. Alors que la Loi instaurant les Pays ne prévoit pas de dispositif particulier pour les Pays frontaliers, tout reste à inventer, et c'est surtout l'État qui se situe ici en point de mire. Même si des initiatives ont été mises en place à l'échelle des régions (la seule paraissant pertinente compte tenu des découpages en vigueur dans les pays voisins), l'État demeure, sur de multiples questions, le référant obligatoire. Ainsi la Conférence TransJurassienne (auparavant Communauté de Travail du Jura) a longtemps fonctionné sous l'égide de la région Franche-Comté, elle est rejointe depuis 2002 par l'État. Les élus du Pays Horloger ne pensent pas que le Pays soit l'échelle appropriée pour gérer la coopération, alors que de nombreux exemples montrent que cela est possible, notamment dans l'espace SAR-LOR-LUX (Hamman 2001).

C'est le temps qui semble manquer aux élus pour nouer de nouvelles relations de coopération avec le Pays voisin. On peut dire aujourd'hui que le Pays Horloger risque de se retrouver en décalage, entre un territoire institutionnel national et une réalité fonctionnelle résolument transfrontalière (Moine, 2004). Ainsi la vision du territoire fonctionnel est réduite à un rapport de compétition (les entreprises suisses débauchent les frontaliers) ou de prédation (attirons les consommateurs suisses par tous les moyens), plus rarement de coopération (Oudet, 2002).

Les territoires institutionnels et fonctionnels s'entremêlent donc, présentant une complexité extrême. Les Pays pourraient être un échelon de coopération pertinent, mais dans le cas présent il ne fédère pas les élus locaux dans ce sens. Tout reste donc à inventer à cette échelle et la Conférence TransJurassienne a un rôle important à jouer dans le domaine de la coopération de proximité. Il reste à articuler deux logiques de projet, l'une institutionnelle et fonctionnelle sous l'angle du Pays Horloger, l'autre essentiellement fonctionnelle sous l'angle du territoire Horloger franco-

---

[25] *Etude pour une meilleure prise en compte de la dimension transfrontalière par les Pays*, Rapport final, 2001, Entreprise Territoires et Développement, 142 p.

suisse, véritable Système Productif Localisé (SPL). Il n'en reste pas moins qu'en France, les territoires institutionnels seront toujours débordés par les acteurs publics et privés, avec pour objectif de simplifier le fonctionnement au jour le jour et de bénéficier d'opportunités. Ceci est particulièrement vrai dans les espaces transfrontaliers où la recherche systématique des avantages procurés par le pays voisin, amène à franchir la limite institutionnelle que représente la frontière, et à instaurer de fait un territoire fonctionnel plus large que les territoires institutionnels des deux pays en présence. Néanmoins, il paraît déraisonnable de ne pas accompagner le développement transfrontalier à l'heure actuelle. Les récents accords bilatéraux entre la Suisse et l'Europe, parce qu'ils n'ont pas été signés avec les états directement, n'ont pas forcément été considérés avec l'attention voulue. Ils seront lourds de conséquences localement, en matière de circulation des personnes, de consommation foncière, voir carrément d'exclusion. Alors que les accords de Karlsruhe permettent la mise en place de procédures de coopération, il est indispensable de reconsidérer le développement local transfrontalier sur la base d'un territoire, tel que nous l'avons présenté. Il s'agit alors d'identifier les acteurs de part et d'autre de la frontière, de comprendre et de lier leurs compétences respectives, d'envisager des études communes et la mise en place d'indicateurs partagés qui permettraient ensuite de proposer des actions d'aménagement à portée transfrontalière, en toute clarté.

Conclusion de la deuxième partie

Enseigner le fonctionnement des territoires, c'est se replacer systématiquement dans un contexte plus global, et fournir des clés de compréhension. Ainsi, l'apprentissage laisse à la place à des processus cognitifs plus élaborés, qui reposent sur une meilleure connaissance des mécanismes qui sous-tendent le fonctionnement des territoires. Ce replacement systématique de l'objet d'étude nécessite de mettre en place des approches plus complètes, notamment dans le cadre de la compréhension de l'évolution de certains territoires.

Ainsi la systémogenèse du territoire horloger du Haut-Doubs, apparaît-elle indispensable pour comprendre les liens étroits qui lient actuellement les hommes de part et d'autre de la frontière. Cependant force est de constater, dans le cadre du Pays Horloger, que la multiplicité des acteurs s'exprime dans des limites institutionnelles dépassées, la multiplication des espaces de concertation, limite les capacités d'action en consommant une énergie importante, conduisant finalement à un repli identitaire comme cela a été montré dans le cas du Pays Horloger, même si des éléments de coopération récents apparaissent (étude sur un aménagement concerté entre Morteau et Le Locle La Chaux-de-Fonds).

À ce titre, les frontières, dont les tracés sont forcément le produit de jeux d'acteurs, demeurent des objets matériels (et idéels) qui marquent l'espace géographique, induisant par conséquent une multitude d'interactions au sein des acteurs de part et d'autre de la démarcation. Opportunités et contraintes façonnent l'espace géographique par le truchement des choix que ne cessent de modifier les acteurs locaux, en fonction des évolutions de ces premières. Ici encore, les boucles de rétroaction en matière d'aménagement, sont très importantes, et guident une évolution très rapide des espaces concernés, tant du point de vue de la localisation des services, des entreprises, que de celle des travailleurs. Territoires frontaliers, lorsqu'on raisonne autour des acteurs locaux qui prennent plus ou moins en compte la mesure des coopérations possibles avec le pays voisin ; territoires transfrontaliers lorsque ces acteurs coopèrent avec le pays voisin, au sein de structures qui sont autant d'expérimentations, pour une meilleure intégration respective et un développement concerté viable.

TROISIÈME PARTIE

OBSERVER LES TERRITOIRES : APPLICATION AU FAIT SPORTIF

Les territoires qui nous entourent sont complexes. Leur évolution repose sur la boucle de rétroaction de l'aménagement décrite en première partie, qui illustre la difficulté d'appréhender une réalité sans cesse en évolution. Variété des acteurs, des éléments de l'espace géographique, multiples interactions et rétroactions déterminent une stabilité dynamique qu'il est difficile d'approcher. Parce que ces phénomènes évoluent sans cesse, il est nécessaire de se doter d'outils d'observation adaptés. Ceci signifie qu'ils doivent s'appuyer sur les acteurs locaux afin de proposer des images sans cesse renouvelées de l'espace géographique, au travers de la mobilisation de données et d'informations. Ces observatoires territoriaux doivent se généraliser, en effet, la réalisation d'aménagements, leur financement, l'évaluation de leur portée, doivent être fondés sur des informations riches, crédibles et partagées par les acteurs, ceci garantissant un développement du territoire cohérent au travers de leurs politiques. Compte tenu de la complexité des territoires et de la boucle de rétroaction qui les anime, il apparaît donc indispensable de :

- structurer les données qui décrivent un territoire, leur mise en relation représentant alors la complexité ;
- réactualiser les données dont le vieillissement est rapide.

Nous avons souhaité développer des outils d'observation en relation avec les principes avancés afin de définir les territoires. L'opportunité nous a été fournie de travailler sur le fait sportif[26]. Comme le notent Dominique Charrier et Laurent Boyer, « à l'image du système sportif, la demande des professionnels en matière d'observation et d'analyse des faits sportifs se développe et se complexifie. Les décideurs concernés par les choix se trouvent confrontés à un domaine particulièrement évolutif, complexe et incertain » (Charrier, 1995).

C'est une démarche d'observation que nous souhaitons restituer, appliquée à la thématique du sport. Le faible nombre de références dans le domaine, l'existence de multiples données rarement mutualisées, et enfin, la présence d'un groupe de recherche orienté vers l'analyse et la compréhension des dynamiques territoriales en relation avec le fait sportif, nous ont fourni l'opportunité de développer un outil dont nous allons restituer les attendus, la mise en place, et les capacités d'observation.

---

[26] Autour du CERSOT (Centre d'Etude et de Recherche sur le Sport et l'Observation des Territoires), équipe du Laboratoire ThéMA-UMR 60449 CNRS-Université de Franche-Comté.

Chapitre 5

LA NÉCESSITÉ DE METTRE EN PLACE DES OBSERVATOIRES

Application au fait sportif

Plus que l'objet sport en lui-même, ce sont les questionnements liés à son développement et à son rôle dans l'aménagement du territoire qui a retenu notre attention. Les recherches en matière d'observation des phénomènes sportifs demeurent encore relativement confidentielles. S'il existe quelques outils d'observation en France, ceux-ci ne sont guère adaptés à la vision que nous nous faisons des territoires et aux besoins de connaissance qui en découlent. Nous avons par conséquent souhaité, à travers cette thématique :

- mettre en œuvre nos méthodes liées à l'utilisation du paradigme systémique ;
- réfléchir sur l'existence de territoires liés à l'objet sport ;
- mettre en place des réflexions liées à l'observation de ce phénomène et aux outils à développer.

Retour sur l'exemple du fait sportif : un élément important de structuration des territoires

Sports, espaces et territoires : des notions récentes

Les travaux, en géographie, portant sur l'objet sport, se sont orientés dans deux directions étroitement complémentaires, à la fin des années 1980 :

- d'une part, les travaux des Bisontins, relevant de l'analyse de l'espace géographique et de son organisation (Mathieu, 1987), permettant de restituer une image des pratiques sportives en France.

Ces travaux ont été complétés par une approche à différents niveaux d'échelle, des pratiques et équipements associés (Praicheux, 1993), non pas pour révéler un système global, mais pour rendre compte des différents niveaux d'expression spatiale de l'objet sport ;

– d'autre part les travaux des Bordelais, autour notamment de Jean-Pierre Augustin (Augustin, 1985), mêlant histoire, sociologie et géographie pour comprendre la production d'identité locale autour du concept de territoire. Ici l'approche est plus globale, mêlant une recherche de compréhension d'un système global à un moment donné, complétée par l'identification des éléments clés afin de comprendre sa genèse.

Les deux approches sont complémentaires et s'enrichissent autour des questionnements classiques : où qui quoi pour la première et pourquoi, comment pour la deuxième. Ainsi, pourquoi à une certaine échelle, distingue-t-on nettement des lieux de pratiques privilégiés, comment localement se constituent, autour de processus socio-historiques, des enracinements qui facilitent ensuite la diffusion des pratiques ? Les individus, le jeu des acteurs, mais également par rétroaction, l'offre structurelle que constituent les équipements, déterminent l'émergence, le développement et la diffusion des pratiques en relation avec les différentes fonctions de « l'objet sport » (Loret, 1995). Il s'agit souvent de pratiques nécessitant des infrastructures conséquentes, mais dès le milieu des années 1990 apparaissent, comme le montre Christian Pociello (Pociello, 1995), « des territoires de l'éphémère (...), qui dévoilent des processus d'individualisation territoriale », fondés sur la mise en scène de la pratique, sa fugacité, et son appropriation par de micro-groupes (escalade, parapente, surf, etc.), posant bien entendu le problème de leur observation et partant, des aménagements qui leurs sont liés.

La notion de pouvoir, de relations de concurrence, finalement d'acteurs, montre que les approches ont mûri, que le phénomène est maintenant pris en compte dans ce qu'il peut apporter à la compréhension de la mise en place de territoires. « Analysées en termes de rapports de pouvoir, (les) relations de concurrence illustrent clairement les enjeux liés à l'organisation locale des pratiques sportives qui dépassent un certain consensus discursif tenu sur le sport » (Pociello, 1995). Ainsi, nous avons constaté qu'un certain nombre d'approches se fondaient aujourd'hui sur la reconnaissance de l'existence d'acteurs, en interrelation au sein de territoires, qui produisaient finalement des organisations spatiales autour du phénomène sportif.

Sport de haut-niveau et territoire

Les travaux très intéressants de Marina Honta (Honta, 2002) se focalisent sur l'existence de l'excellence sportive et son émergence au travers des politiques publiques. Le rôle de l'État est prépondérant dans la mise en œuvre de programmes d'action, mais comme dans toutes les politiques publiques, celle-ci repose sur la participation d'acteurs périphériques qui agissent en fonction d'intérêts particuliers et hétérogènes obéissant à des logiques propres (Garraud, 1996). Le jeu de pouvoir s'exprime alors selon une double logique d'intervention :

- l'État produit des règles, des cadres ;
- le niveau local constitue le lieu de négociations particulières qui font se rencontrer les institutions et les hommes (Dumas, 1987).

C'est dans cette perspective qu'on peut relever une véritable territorialisation du sport de haut niveau (Honta, 2002), c'est-à-dire la mise en place de stratégies entre les acteurs, dans un cadre spatial défini, intégrant en l'occurrence l'État et le mouvement sportif dans un premier temps, les collectivités territoriales ensuite, mais sans règles particulières en l'absence de transfert de compétences, depuis 1982. Il découle donc de cet agencement d'acteurs, des stratégies qui s'articulent autour de la notion de structures d'opportunité, « qui impliquent un espace temporel fortuit ou construit à l'intérieur duquel (la réalisation d'un projet) est rendue possible ou nécessaire par une configuration favorable de son environnement » (Berthet, 1999). Ceci résulte de trois facteurs (Gaudin, 1999) :

- le cadre des institutions et leur histoire ;
- la dynamique des représentations collectives (effet des modes) ;
- le rôle des acteurs.

Nous pouvons remarquer que nous nous rapprochons de la définition du territoire proposée en première partie, cependant il reste à intégrer l'espace géographique et ses contraintes ou aménités, pour matérialiser un système territorial. Dans ce cas, l'espace naturel autant que l'espace anthropisé, constituent des éléments incontournables pour expliquer localement l'émergence de certains sports de haut niveau.

Cependant, le rôle des acteurs demeure primordial, on assiste aujourd'hui à l'émergence de territoires où la « récupération » politique du haut-niveau est importante parce qu'il s'agit d'une activité visible, spectaculaire, où les messages sont accessibles et l'organisation ritualisée. Ceci explique la mise en place de véritables politiques sportives qui marquent l'existence d'une légitimité territoriale (Pigeassou, 1995). *A contrario*, toutes les autorités locales ne sont pas capables ou ne ressentent pas la nécessité de mettre en place des politiques de sport de haut-niveau. Ici, le rôle des communes, des départements, des régions, mais également des entreprises (sponsors) peut s'avérer difficile à comprendre dans un contexte de forte concurrence, voire de récupération des événements sportifs. La politisation de l'action sportive, notamment au niveau des associations, entraîne des conflits laissant le système passer d'un état de clientélisme à celui d'une organisation managériale (Honta, 2002). Ceci explique entre autres demandes sociales, de la part des acteurs publics, une demande importante d'informations sur les subventions versées à la fois aux acteurs du mouvement sportif (associations), mais aussi aux gestionnaires des équipements (pouvoirs publics), afin d'en mesurer l'impact et de servir de faire-valoir aux politiques qui sont menées localement.

Des pratiques qui font des territoires

Il existe des systèmes des sports, à tous niveaux d'échelles. Ils forment des territoires. En leur sein se construisent des relations entre des acteurs, et avec l'espace géographique, en fonction des représentations que l'on peut se faire de ces sports, mais surtout en fonction de l'image que l'on pense qu'ils véhiculent. Ceci est particulièrement vrai lorsque ces acteurs, comme l'ont montré Jean-Pierre Augustin et Antoine Garrigou (Augustin, 1995), sont politiques et recherchent une lisibilité électorale à travers une pratique emblématique (modèle notabiliaire) lorsque ces acteurs s'identifient socialement et localement grâce à une pratique (modèle communautaire) ou enfin lorsque la pratique est associée à l'existence d'une grande entreprise publique ou privée (modèle d'entreprise). Ces systèmes se structurent toujours localement en appui sur les acteurs politiques, économiques, et bien entendu sur les pratiquants qui entraînent derrière eux plus ou moins de spectateurs suivant leur notoriété, et par rapport à un espace géographique où équipements, réseaux, population, facilitent la plus ou moins forte expansion de la pratique. Jean-Pierre Augustin a ainsi montré l'émergence de communautés sportives, insérées dans les sociétés locales, notamment autour d'un sport à forte résonance identitaire comme le rugby (Augustin, 1995), le football par son extension et sa maturité fonctionnant de la même manière d'un point de vue des processus de territorialisation (Grosjean, 2003). Cette territorialité est notamment fondée sur « les lieux fréquentés par les pratiquants, terrain, stade, ville ou village, région, nation (...) qui organisent les déplacements » (Keerle, 2002), ainsi que sur l'ensemble des acteurs qui interviennent dans le développement de ces pratiques.

Sport de pleine nature et territoire

Le sport de pleine nature, dans son acception globale, est en pleine expansion. À la fois sport de haut-niveau et de loisir, prétexte au développement touristique, il est multiforme, souvent éphémère, dans tous les cas omniprésent. Les acteurs, les pratiques, les espaces géographiques concernés, forment des territoires dont le fonctionnement, complexe, pose de nombreuses interrogations. Pascal Mao (Mao, 2003), montre comment, à travers les lieux de pratiques sportives de nature, apparaissent des territoires. Il reconnaît en effet un processus identitaire qui détermine des espaces de pratique de référence, en fonction de filtres perceptifs, mais qui se révèlent très complexes[27]. Au sein de ces espaces, interviennent les pratiquants ainsi que différentes catégories d'acteurs en charge de leur aménagement, de l'organisation des pratiques. Ils relèvent de la sphère politique et administrative, sportive, économique, l'ensemble évoluant dans le cadre de la sphère des acteurs locaux et proximaux.

Progressivement, l'étude des lieux sportifs, appréhendée par le prisme de l'analyse du jeu des acteurs territorialisés, révèle des territoires, constitués de sous-systèmes :

- le sous-système organisationnel endogène qui rassemble l'ensemble des acteurs du lieu qui développent des stratégies liées au champ des activités sportives de nature ;
- le sous-système fréquentation, qui guide les choix du premier sous-système.

Ceux-ci sont bien entendu en relation avec le sous-système espace géographique, faisant évoluer celui-ci dans le cadre de la boucle de rétroaction de l'aménagement du territoire, suivant différentes formes de gestion. L'organisation de l'espace qui en découle, les nouvelles relations entre les acteurs en tension, génèrent un nouveau contexte socio-spatial, ce que nous appelons un territoire. Dans le cas présent, cette approche permet d'appréhender les conflits d'usages et de pouvoirs locaux.

En conclusion, il apparaît que les lieux de pratique sportive, englobés par l'espace géographique, constituent des sous-systèmes vis-à-vis desquels de multiples acteurs qui interagissent. Ceci conforte ainsi le fait sportif dans un rôle de structuration des territoires.

Des acteurs et des compétences variés : du Schéma de Services Collectifs (SSC) à la gestion du planning de gymnase

L'organisation de l'espace géographique que nous avons pu observer, dans le cadre du département du Jura, traduit les interrelations entre de nombreux acteurs. Cependant, il ne révèle pas ces complexes relations qui au-delà de l'organisation de l'espace, font les territoires. Les orientations d'aménagement du territoire à l'échelle nationale, recoupent des préoccupations aujourd'hui régionales et qui attestent de l'attention accordée aux réalités, aux observations concrètes, empiriques, fonctionnelles qui donnent ainsi du sens à la proximité et aux dimensions des territoires. Dans le cadre du phénomène sportif il est ainsi souligné « le faible degré de coordination des politiques sportives territoriales et la difficulté de construire

[27] Le choix d'une pratique, en un lieu donné, correspond à l'image que l'on pense que les autres se feront de cette pratique en ce lieu donné.

les partenariats nécessaires », et l'on peut ajouter l'étroite relation avec « l'insuffisance des instruments de connaissance du fait sportif (...), au niveau statistique, au niveau de la mesure de son développement (...), rendant impossible la production des précisions nécessaires à toute action anticipatrice »[28].

Ainsi, les acteurs intervenant aux différentes échelles territoriales aménagent des entités, porteuses d'un ensemble de potentialités (Bailly, 1994), qu'ils gèrent à des fins économiques, mais également sociales[29]. Pour ce faire, ils se fondent sur des bases de données, évolutives ou non, décrivant ces entités et rendant compte de leur évolution. Par contre celles-ci rendent faiblement compte de la complexité propre aux systèmes territoriaux, caractérisée par les multiples relations qu'entretiennent à la fois les différents acteurs du territoire entre eux, mais aussi avec leur support aménagé. Dans le cadre du fait sportif, les attentes sont de plus en plus nombreuses, à l'échelle régionale, départementale, communale et intercommunale. Pratiqué en France par près de 25 millions de personnes dont 14 millions de titulaires de licences, adhérents à l'une des 173 900 associations sportives, le sport est devenu un phénomène majeur de notre société contemporaine. Les équipements, les activités, les emplois qui lui sont liés participent directement du fonctionnement des territoires. Sans revenir sur les compétences détaillées de chacun des acteurs, nous souhaitons poser leurs cadres d'intervention et les problématiques en matière d'information et d'observation, qui en découlent.

L'échelle nationale : un rôle de l'État en demi-teinte

L'État a toujours joué un rôle important dans le développement du sport en France, mais sans toutefois occuper le devant de la scène de manière systématique. Il se positionne clairement dans l'organisation du sport de haut-niveau avec la mise en place de structures dans le cadre d'une filière (INSEP, CREPS, etc.), dans le développement de la formation des cadres, et contribue au développement des pratiques sportives par le biais du FNDS distribué par ses services déconcentrés (Directions Régionales de la Jeunesse et des Sports et Directions Départementales de la Jeunesse et des Sports). En outre, l'État légifère, abonde, mais se positionne difficilement aux échelons locaux par l'intermédiaire de ses services déconcentrés dont les tâches sont multiples et doivent s'articuler avec les prérogatives des collectivités locales.

Plus récemment, l'État a replacé le sport sur le devant de la scène en matière d'aménagement du territoire, par l'intermédiaire de la mise en place des Schémas de Services Collectifs (SSC). Le Comité Interministériel d'Aménagement et de Développement du Territoire (CIADT) réuni le

[28]Schémas de Services Collectifs du Sport, DATAR, pp. 17-18, automne 2000, 48 p.

[29]La loi insiste sur la notion de développement solidaire des territoires.

18 mai 2000 a, entre autres choses, précisé les orientations des neufs Schémas de Services Collectifs prévus par la Loi d'Orientation pour l'Aménagement et le Développement Durable du Territoire (LOADDT 99)[30]. Un des schémas est consacré aux sports, réaffirmant le rôle de l'État dans ce domaine par l'intermédiaire des échelons régionaux, avec une orientation prospective (Augustin, 2001). Les décrets des schémas de services collectifs[31] ont été adoptés en juin 2001, mais les documents de synthèse établis à l'échelle nationale sur la base de collectes de données au niveau régional, se sont avérés très décevants. Les Directions Régionales de la Jeunesse et des Sports (DRJS) qui ont été mobilisées afin de transmettre à l'échelon national l'ensemble des données concernant les équipements sportifs, les pratiques et les pratiquants[32], ont éprouvé d'importantes difficultés pour collationner les informations, totalement dispersées et rarement liées entre elles.

Il est apparu très clairement une incapacité à appréhender de manière précise le phénomène sportif dans sa globalité, en tenant compte des relations qui lient les différents acteurs. Les résultats de ces travaux sont intéressants, mais au-delà de leur seul contenu ils posent le problème du recueil, de l'organisation, de la pérennisation des multiples bases de données mobilisées (Ravenel, 2001).

L'échelle régionale : un transfert de compétence qui tarde

Ce sont les lois de décentralisation qui, en créant les régions, ont positionné un nouvel acteur au sein du système sportif français. Si le rôle des régions a dans un premier temps été restreint, il s'est ensuite affirmé progressivement, mais de manière transversale, par le truchement de compétences relatives à l'enseignement, à la formation professionnelle ou encore à la communication. Mais, de manière globale, l'exercice des compétences régionales ne faisait pas du sport une priorité. Son soutien à cet échelon a donc plus dépendu de volontés personnelles de la part de certains acteurs, que de véritables politiques. En témoigne le fait que les services des sports sont rarement individualisés au sein d'une cellule administrative.

L'État, en replaçant le sport au cœur de l'aménagement du territoire, a donc dans le même temps commencé à décentraliser des compétences vers les collectivités territoriales. Le SSC du sport, en ayant pour ambition « d'être un instrument de cohérence et de mobilisation de tous les acteurs du sport, notamment le mouvement sportif, les collectivités locales et

---

[30]La Loi d'Orientation pour l'Aménagement et le Développement Durable du Territoire, Loi n° 99-533, portant modification de la Loi n°95-115 du 04-02-1995, a été adoptée le 25-06-1999.

[31] Les Schémas de Services Collectifs remplacent les anciens Schémas sectoriels établis dans le cadre du Schéma National d'Aménagement et de Développement du Territoire (SNADT), ils se veulent plus souples et en prise directe avec la demande émanant de la population.

[32]Pour la Franche-Comté : document présenté par Paul Michel, directeur de la DRJS de Franche-Comté.

territoriales dans le cadre d'une consultation systématique et permanente[33] », pose le problème du niveau d'observation pertinent. En effet, « l'État propose aux régions de définir des choix stratégiques et notamment d'effectuer un diagnostic permanent tant sur les aspects de l'offre que de la demande, en relation avec les Comité Régionaux d'Aménagement et de Développement du Territoire (CRADT) et dans le cadre des Schémas Régionaux d'Aménagement et de Développement du territoire (SRADT) ». Sans outils d'observation, il sera impossible pour les régions de répondre aux attentes de l'État, leur rôle fédérateur s'en trouvera donc diminué d'autant. Or, le transfert officiel de compétence vers les régions est attendu, et dans ce cadre, il est clairement précisé que devraient être mis en place des observatoires régionaux du sport[34], qui permettraient de construire un projet commun à cette échelle[35].

L'échelle départementale : une présence affirmée sur le terrain

À l'échelle départementale, les activités sportives constituent un domaine d'action partagé lié à la vie des citoyens, nécessaire à l'équilibre territorial et à la cohésion sociale. Cependant, plus encore que dans le cadre régional, les politiques sportives ont été longtemps peu ou mal définies, diluées dans un positionnement de guichet avec des subventions disséminées vers des institutions multiples (Chazaud, 1989). Cependant, petit à petit, les investissements se sont faits plus homogènes (Charrier, 1997), principalement en direction des clubs et notamment dans une perspective de soutien à une offre de service en milieu rural. Parallèlement, les départements ont pris la mesure de la nécessité de soutenir le financement des équipements, en relation avec la pratique de l'EPS au collège et en complément des communes.

Aujourd'hui, de manière très claire, la nouvelle LOADDT place les départements en position centrale dans le cadre de la cohésion sociale, où le sport trouve une expression nouvelle. La gestion des quartiers difficiles, les problèmes d'accessibilité aux équipements dans les espaces ruraux occupent le devant de la scène. Ici encore, les Directions Départementales de la Jeunesse et des Sports peinent à organiser une information très disparate peu informatisée et faiblement centralisée. Les Conseils Généraux disposent, quant à eux, de moyens encore moins performants dans la mesure où la dimension sportive ne figurait pas jusqu'à lors dans leurs prérogatives prioritaires. Par ailleurs, un glissement de compétences vers les départements

---

[33] La Lettre de l'Economie du Sport, n°546, 15.11.2000.

[34] Comme le ministre Jean-François Lamour l'a rappelé le 08 décembre 2002 lors des Etats Généraux du sport à Paris.

[35] Intervention de P. BAYEUX dans le cadre des Etats généraux du sport, « Imaginons aujourd'hui le sport de demain », le 08-12-2002, Paris.

s'effectue depuis quelques années dans le domaine du sport de pleine nature avec :

- la mise en place des Plans Départementaux des Itinéraires de Promenade et de Randonnée (PDIPR) à la charge des départements, mais sans réels moyens alors que dans ce cadre l'instrumentation est nécessaire puisqu'il s'agit de gérer l'entretien et le développement de réseaux pédestres ;
- la création des Commissions Départementales des Espaces, Sites et Itinéraires (CDESI), chargées de mettre en place des Plans départementaux du même nom (PDESI), afin de mieux connaître, organiser, gérer et promouvoir le sport de pleine nature.

La faiblesse de l'instrumentation dans ce domaine pose problème et les travaux actuellement menés par le Centre d'Études et de Recherches sur les Montagnes Sèches Méditerranéennes (CERMOSEM) dans le cadre des départements de l'Ardèche et de la Drôme[36], montrent combien la démarche est complexe (Mao, 2000) (Damien, 2004), alors qu'une demande de généralisation des outils d'observation, dans ce domaine, apparaît au sein du Ministère.

L'échelle communale : la clé du développement du sport en France

Les communes sont les acteurs-clés du développement du sport en France. Elles se sont très tôt positionnées vis-à-vis de la construction des équipements, notamment scolaires. Elles n'ont cessé d'accompagner le développement des pratiques en essayant d'adapter au mieux l'offre d'infrastructures par ailleurs de plus en plus coûteuses en investissement ou en fonctionnement. Les Offices Municipaux des Sports (OMS) jouent à ce titre un rôle non négligeable dans les villes les plus importantes. L'échelon communal constitue un pivot du développement du fait sportif, en permettant la coordination de l'offre d'activités soutenue par le mouvement sportif, leur réalisation en un lieu (l'équipement sportif), nécessitant le partage de plages horaires (plannings d'utilisation des équipements à usages multiples), ainsi qu'une accessibilité optimale, etc. Par ailleurs, à l'heure actuelle, se pose de manière régulière la question de la création de nouveaux équipements, dont les coûts de réalisation et de gestion ne peuvent plus reposer uniquement sur les communes.

La Loi relative à l'Administration Territoriale de la République (1992), a justement fixé de nouveaux cadres pour le développement local afin de coordonner notamment les efforts de création ou de partage d'infrastructures. Avec la mise en place de nouvelles structures

[36] Diagnostic départemental des sports de nature en Ardèche. Travail préparatoire à la mise en œuvre de la commission départementales des sites, itinéraires et espaces de pratiques sportives de nature, TEO-CERMOSEM, Université Joseph Fourier, Le Pradel, Mirabel.

d'Établissements Publics afin de mailler le territoire : ce sont les Communautés de Villes s'ajoutant aux Districts, et les Communautés de Communes. Ces structures peuvent respectivement devenir, à partir de 1999, des Communautés d'Agglomération (> 50 000 hab.) ou des Communautés Urbaines (> 500 000 hab.), tandis que les Communautés de Communes sont maintenues dans les espaces ruraux où elles constituent la base pour développer les Pays, pendant rural des communautés d'agglomération (Gueranger, 1999). De nouveaux cadres territoriaux émergent, soutenus par deux lois successives, en partie complémentaires (LOADT 95 et LOADDT 99), où l'expression des besoins en matière de structuration des données est forte. L'intercommunalité nécessite de gérer les territoires concernés en arbitrant des demandes souvent contradictoires qui doivent être confortées ou réfutées sur la base d'arguments solides. En matière d'équipements sportifs il s'agit par conséquent de connaître avec exactitude la répartition des équipements, des pratiquants, la localisation des pratiques, en référence à un contexte territorial par essence complexe (localisation des équipements, des infrastructures, des logements des emplois, jeu des acteurs, etc.)[37]. À ce titre les schémas directeurs demeurent les pierres angulaires d'un développement urbain local cohérent[38], relayés aujourd'hui par les Schémas de Cohérence Territoriale (SCOT), tandis que les chartes de pays organisent progressivement les espaces ruraux. Il est d'ailleurs proposé dans le cadre du Schéma de Services Collectifs du Sport, « d'articuler la réalité des bassins de vie, des territoires de pratiques sportives, avec l'organisation administrative territoriale actuelle, s'appuyant sur les possibilités nouvelles qu'ouvrent l'intercommunalité, les regroupements de communes et les contrats de pays »[39].

À l'échelle intercommunale, les enjeux sont donc de plus en plus importants, puisque les infrastructures, mais également les pratiques, nécessitent une coordination et bien entendu un partage des engagements financiers. La compétence sportive est d'ailleurs de plus en plus retenue par les structures intercommunales, même si *a posteriori* la mobilisation de la compétence est encore timide. Elle concerne, la plupart du temps, des politiques liées à la mise en place d'équipements, d'animations ou encore d'évènements sportifs (Chaboche, 2002). L'État a d'ailleurs précisé qu'il orientera son soutien financier « vers le projet de politique sportive et d'équipements sportifs qui s'appuieront sur l'intercommunalité »[40]. À cette

---

[37] DE SEDE (M-H.), JOSSELIN(D.), GILLON (P.), MOINE (A.), PRAICHEUX (J.), 1998, Rapport : *Les équipements sportifs dans le schéma directeur de l'agglomération bisontine*, IRADES, Université de Franche-Comté, Besançon.

[38] Schéma Directeur de l'agglomération bisontine, mis en révision en janvier 1996, approuvé en juin 2000, bientôt remis en chantier par le biais du SCOT le la Communauté d'Agglomération du Grand Besançon créée en 2001.

[39] SSC du sport, DATAR, p. 25, automne 2000, 48p.

[40] SSC du sport, DATAR, p. 32, automne 2000, 48p.

échelle, il est donc important d'inciter les acteurs du développement local à se doter d'outils performants capables de représenter la complexité territoriale locale qu'ils doivent être en mesure de gérer.

Le mouvement sportif dans le carcan de la pyramide administrative

Le mouvement sportif est organisé de manière pyramidale, en parallèle avec les différents échelons administratifs français, le Comité National Olympique et Sportif Français (CNOSF) étant relayé par des comités régionaux (CROS) et départementaux (CDOS) en relation avec les différentes fédérations sportives, les ligues régionales, les comités départementaux et enfin les clubs ou associations sportives. Sans moyens financiers importants, le mouvement sportif est cependant le lieu où s'expriment véritablement les pratiques, guidées par l'ensemble des décisions prises par les différents acteurs déjà mentionnés.

Aujourd'hui le Mouvement Sportif se trouve placé devant une situation qui nécessite de sa part une vision claire de son rôle, des objectifs à atteindre, des nouvelles compétences à acquérir. En effet, il doit s'affirmer comme un partenaire reconnu, expert, fédérateur d'un point de vue du développement du sport, à l'échelle des différentes collectivités territoriales, mais également à celle des intercommunalités. Pour ce faire, il doit être porteur d'une vision globale dans une perspective d'aménagement du territoire. Pour relever ce double défi, le mouvement sportif doit être « en capacité d'en relever un troisième : mettre en place une démarche d'enquête et de recueil d'informations (en association avec les autres acteurs locaux) qui permet de donner aux acteurs toute lisibilité sur les préconisations et propositions affichées. Celles-ci ne seront réellement fédératrices, crédibles et, en définitive adoptées, que si elles apparaissent comme le résultat d'un diagnostic partagé sur le territoire » (Bartholi, 2001).

Les usagers : pratiquants, dirigeants et spectateurs

Nous nous situons au cœur du système où s'exprime finalement l'essence même du sport. Si les autres acteurs recensés sont très précisément identifiés, si on connaît avec exactitude leurs prérogatives, leurs attentes et leurs actions, il n'en va pas de même pour les usagers de ce qu'il est convenu d'appeler un service (Grosjean, 2003). Le sport est en effet un service public comme en attestent les récentes lois (LOADDT 99, Loi du 6-07-2000), bien qu'il apparaisse de plus en plus marchand sous l'angle du sport spectacle. Le service est donc censé correspondre à une demande, qui par ailleurs se révèle de plus en plus importante, diversifiée, exigeante, volatile. Les pratiquants sportifs sont estimés à plus de 26 millions en France dont plus de la moitié sont titulaires d'une ou plusieurs licences en 2006, et adhèrent à l'une des 174 000 associations sportives encadrées par une multitude de bénévoles sans qui ce système ne serait pas ce qu'il est. Le sport spectacle draine, quant à lui, des millions de spectateurs, aussi bien autour de grandes manifestations qui dépassent l'échelle nationale, qu'autour des multiples rencontres sportives qui animent les fins de semaines partout dans l'hexagone. La médiatisation, les masses financières qui sont en jeu, font du sport une des composantes de notre économie, facteur de développement local, mais également support de consommation de masse.

La demande des usagers, mais également leur satisfaction à travers l'expression des pratiques, constituent donc un enjeu de taille. L'ensemble des acteurs qui interviennent dans le cadre du fait sportif, à quelqu'échelle que ce soit, n'a de cesse d'anticiper ces demandes, de les satisfaire, voire de les orienter ou de les contrôler. Il est donc indispensable de fournir les outils nécessaires, afin de connaître ces demandes, mais également afin de renseigner les demandeurs autour des multiples services proposés. Partant de la maîtrise des informations concernant l'offre de service, en la confrontant à la consommation mesurable (le sport licencié) il est ensuite possible de mieux mesurer les tendances à l'œuvre, afin d'orienter au mieux l'offre et le développement global du fait sportif à différentes échelles.

Comme nous pouvons le constater une nouvelle fois, la complexité des territoires peut trouver une représentation à travers la mise en place d'outils d'observation capables de mettre en relation à la fois les acteurs qui interviennent dans le domaine du sport et de l'aménagement du territoire, leurs données mutuelles ainsi que les données périphériques. Cette mutualisation des hommes et de leurs moyens doit permettre, à minima, de partager une même interprétation de leurs territoires pour des prises de décision plus efficaces.

Des attentes variées et difficiles à combiner : la nécessité d'observer

Si les acteurs qui interviennent dans le « système sport » sont nombreux, que dire de leurs attentes. On a vu que la LOADDT 99, en proposant un schéma de services collectifs du sport, a posé le problème de l'observation du phénomène au centre des attentes. Loin d'être concrétisée actuellement, cette orientation vers les outils d'observation nous apparaît cependant primordiale. En effet, « les acteurs du sport sont, de fait, obligés de se doter d'outils d'observation des territoires sportifs » (Bayeux, 2001) (Mao, 2003). Depuis le début des années 1990, de multiples démarches d'observation ont vu le jour à l'échelle régionale, départementale ou locale, mais la majorité des expériences concernent les équipements sportifs[41/42/43],

[41] Recensement des équipements sportifs, sites et lieux de pratique en Midi-Pyrénées (RES). http://www.res-mp.com/

ou l'emploi sportif[44]. Ils se limitent en général à des recensements plus ou moins exhaustifs et difficilement réactualisés. Si les données recensées font en général l'objet d'un traitement cartographique, il est par contre impossible à l'heure actuelle de passer d'une échelle à une autre à l'aide des outils proposés, lorsqu'ils sont informatisés. Lorsque les approches s'élargissent aux pratiques et aux pratiquants, il s'agit en général d'états des lieux ou de diagnostics, qui se sont en effet multipliés à la demande des élus, en difficulté vis-à-vis des décisions d'aménagement à prendre. Dans la majeure partie des cas ils font l'objet d'un rapport unique, et n'intègrent donc pas les évolutions temporelles des phénomènes décrits. Ces approches se révèlent donc aujourd'hui très insuffisantes, puisque l'exploitation des multiples bases de données constituées ou simplement mises en œuvre demeure partielle :

- les données sont souvent réduites à leur seule dimension graphique, qualifiée par une série d'attributs thématiques mais sans véritable organisation. Ce mode de fonctionnement contribue à appauvrir la puissance potentielle des requêtes spatio-thématiques ;
- la perception des différents niveaux d'échelle et de leur emboîtement reste faible et nécessite souvent de longues mises en œuvre d'agrégation de données, alors que dans le même temps ces niveaux se multiplient (les différents niveaux de collectivités territoriales, les structures intercommunales, et notamment l'émergence des communautés d'agglomération et des pays issus de la LOADDT 99 (Giraut, 1999), les niveaux infracommunaux, etc.). Les décideurs sont ainsi confrontés à un décalage croissant entre les unités institutionnelles et les nouveaux territoires (Lacour, 1995), qui se situent en dehors des cadres d'acquisition des données référencées, comme les niveaux communaux, cantonaux ou départementaux ;
- le temps n'est pas pris en compte, puisque les recensements et les diagnostics nous renseignent à un moment donné sans possibilité de mesurer les évolutions des phénomènes sur des périodes plus ou moins longues. Il est par conséquent impossible de mesurer l'impact des décisions d'aménagement (création d'équipements), d'accompagnement de certaines pratiques (subventions), ou encore de mesurer des phénomènes de diffusion de certaines modes, d'anticiper des rénovations d'infrastructures, etc. ;

---

http://www.drdjs-midi-pyrenees.jeunesse-sports.gouv.fr/html/h-equipements/03-recens/recens-methodo.htm

[42] Observatoire du sport aquitain. http://www.observatoire-sport.com/

[43] Observatoire national des équipements sportifs (2006) reposant sur le Recensement des Equipements Sportifs (RES).

[44] Observatoire de l'économie du sport en limousin, Centre de Droit et d'Economie du sport, Limoges, 143 p.

- la complexité des territoires observés n'est pas restituée, puisque les démarches de diagnostics se fondent généralement sur la mise en place d'indicateurs simples qui ne permettent pas de comprendre de quelle manière les différents phénomènes observés sont liés entre eux ;
- l'exploitation classique des bases de données visant la mise au point d'indicateurs est souvent longue. Les recensements représentent une partie importante du temps consacré à la mise en place des schémas directeurs des équipements sportifs. Il s'avère que les résultats ne sont pas pérennisés limitant ainsi les analyses à une simple photographie attachée à la réalisation des études ;

les acteurs qui interviennent au sein des territoires demeurent ainsi souvent perplexes lorsqu'il s'agit de percevoir dans leur globalité et leur complexité, l'organisation spatiale de leurs territoires, mais surtout les interactions entre les différents phénomènes qui les font évoluer. Ils se heurtent en général aux problèmes suivants :

- la multiplicité des sources dans le seul domaine des sports :
  - des équipements définis par leur taille, leur capacité à accueillir des pratiques différentes, leurs horaires d'ouverture, leur coût de fonctionnement, la date de leur construction et des éventuelles rénovations, etc. ;
  - des sites de pleine nature dont l'extension peut-être importante (réseaux pédestres, VTT, équestres, voies navigables, etc.) ;
  - des pratiquants localisés aux lieux de pratique, de résidence, et caractérisés suivant leur âge, leur catégorie socio-professionnelle, leur cellule familiale, etc. ;
  - des associations, des sociétés qui offrent différentes possibilités de pratiques.
- l'hétérogénéité des données recensées ; un gymnase n'est pas un chemin pédestre, un pratiquant n'est pas un terrain de tennis, les plages horaires d'occupation d'une salle ou la date de rénovation d'un équipement n'ont rien à voir avec le lieu de résidence d'un footballeur etc. ;
- la nécessité d'intégrer le temps ; les pratiques évoluent, les équipements aussi, ainsi que leur environnement (accessibilité, concentration de services, qualité de vie), le profil des pratiquants également (la population de certaines communes vieillit ou rajeunit induisant une modification des pratiques sportives, leur disparition ou leur apparition) ;
- la nécessité de localiser équipements, pratiques et pratiquants, afin de juger de leur répartition relative (aires de chalandises, sur ou

sous-équipement de certains espaces), et des déplacements générés par ces localisations en vue de les optimiser.

Cependant, le service public présente des enjeux territoriaux forts, particulièrement dans le cadre de la mise en place des Schémas de Services Collectifs. Les partenaires impliqués attendent donc des méthodes et des outils capables de maîtriser la complexité engendrée par la multiplicité des données qu'ils manipulent quotidiennement. Dans ce contexte, l'identification et la reconnaissance du territoire comme facteur privilégié d'intégration et de structuration des données spatio-temporelles est une piste pertinente, mais nécessite la mise au point d'une démarche adaptée. En effet, l'ensemble des interactions entre les acteurs et le territoire décrit par des niveaux d'échelles emboîtés, permet de faire émerger des structures complexes, sortes d'arrangements territoriaux, définis géométriquement (semis de points, réseaux, surfaces) ou topologiquement (position relative des lieux entre eux) (Le Berre, 1992). Il est par conséquent nécessaire de cerner non seulement les relations de filiation entre entités territoriales mais également les dynamiques caractérisant ces dernières tant au niveau de l'espace, du temps que des thématiques. Ces exigences impliquent l'utilisation d'un langage qui permette de restituer la complexité géométrique, topologique et relationnelle des territoires, qui caractérise les données à mettre en œuvre en aménagement et gestion des territoires (Dumolard, 1998). De cette manière les acteurs concernés disposent de la meilleure information (Brunet, 1990), qui constitue alors le fondement du développement local (Pecqueur, 1989) et le support des débats qui peuvent être engagés. Il s'agit donc à la fois de répondre à des « demandes locales et de s'intégrer dans une cohérence générale permettant des comparaisons à la fois dynamiques et synchroniques » (Charrier, 1999).

C'est autour de l'ensemble de ces attendus que sont maintenant développés des outils afin de constituer de véritables supports pour l'aide à la décision. La démarche que nous avons menée depuis maintenant trois ans, repose sur l'implication d'un groupe d'une demi-douzaine de personnes autour d'une demande d'observation du fait sportif, émanant d'un échelon départemental.

Chapitre 6

ENJEUX ET DIFFICULTÉS DE MISE EN ŒUVRE D'UN OBSERVATOIRE

La connaissance, sur un territoire donné, de l'offre de services[45] et d'équipements, ainsi qu'une bonne appréhension de la pratique, apparaissent de plus en plus comme l'un des enjeux majeurs de la gestion du phénomène sportif. Complétée par une identification de la demande et par sa confrontation avec l'offre, il devient alors possible de mettre en évidence des espaces sur ou sous équipés où les pratiques s'expriment de manière différenciée, de raisonner en terme d'accessibilité, de réaliser des diagnostics, des projections et des scénarios, afin de promouvoir des politiques cohérentes de développement.

Répondre à de tels types de questionnements implique non seulement de disposer des informations pertinentes et nécessaires dans les domaines précités, mais également de les mettre en cohérence en développant de véritables Système d'Information Territoriaux (SIT)[46]. L'objectif est de participer à une meilleure gouvernance[47], en proposant des outils d'observation partagés, impliquant les acteurs relevant d'une thématique, en l'occurrence le sport, en relation avec un espace géographique et institutionnel donné, en l'occurrence le Département du Jura.

---

[45] La notion de service apparaît comme particulièrement importante, permettant de cerner l'ensemble des phénomènes non seulement sur la base d'une mise à disposition d'infrastructures spécialisées mais également d'un ensemble de prestations formelles ou informelles dans les domaines de la formation, de l'accompagnement de pratiques etc.

[46] Le concept de Système d'Information Territorial désigne un ensemble de données territoriales organisées au sein de bases de données (thématiques et localisées) et d'outils complémentaires dédiés à la gestion et l'analyse des territoires et de leurs dynamiques.

[47] Définition..., International Conference of Territorial Intelligence, « Region, Identity and Sustainable Development 2006, 20th- 23rd September 2006, Alba Iulia, Roumanie, organized by CAENTI (Coordination Action of European Network of Territorial Intelligence).

Les attendus de la demande conjointe pour le Département du Jura, la Direction Départementale de la Jeunesse et des Sports et le Comité Départemental Olympique et Sportif (CDOS), nous ont incités à proposer la pérennisation des efforts consentis en terme de collecte de l'information lors de la mise en place d'un diagnostic. En réfléchissant aux données utilisées dans le cadre de ce dernier, en identifiant les acteurs en attente d'informations, en comprenant quelles relations les données pouvaient entretenir entre elles et finalement de quelle manière elles pouvaient mutuellement s'enrichir, nous avons progressivement songé à la mise en œuvre du concept de Système d'Information Territorialisé. Cette solution offre ainsi la possibilité de disposer d'un véritable outil de gestion des territoires et des pratiques sportives au quotidien, en renouvelant, par une mobilisation beaucoup plus aisée des données, l'élaboration de diagnostics et d'études prospectives sur le phénomène sportif. Elle offre par ailleurs la possibilité de lier entre eux les différents acteurs autour de l'exploitation et de la maintenance de l'observatoire.

Les attendus pour rendre compte du fonctionnement territorial : philosophie générale

Les enjeux autour de la connaissance du fait sportif

Les différents acteurs qui interviennent dans le domaine du sport, ne disposent finalement que d'une vision partielle du système au sein duquel ils évoluent. Les acteurs sont hétérogènes, ils occupent des positions différentes au sein du système, leurs intérêts sont souvent contradictoires, parfois convergents, mais dans tous les cas leurs stratégies sont interdépendantes (Charrier, 1995). Certains sont plus ou moins proches les uns des autres, ils coopèrent ponctuellement, échangent de l'information et/ou mutualisent des moyens, mais ils réfléchissent rarement à la mise en cohérence des informations dont ils disposent, pour mettre en place des indicateurs ou produire des informations enrichies. Face à cette appréhension partielle du phénomène sportif, il est donc nécessaire dans un premier temps de comprendre les tâches respectives des différents acteurs, les moyens qu'ils mobilisent, les outils d'évaluation qu'ils souhaitent voir mis en place. C'est grâce à une série de réunions avec les partenaires, à un travail bibliographique important afin de connaître et de comprendre le fait sportif, que nous avons réussi à dégager quelques grands enjeux qui vont constituer désormais le fondement de nos réflexions :

- les difficultés organisationnelles sont l'une des caractéristiques marquantes de ce type de projet touchant à la gestion et l'aménagement du territoire. Le fait sportif dans son ensemble est marqué par une multiplicité d'intervenants, gestionnaires,

pratiquants, personnels d'encadrement, partenaires publics et privés, comme nous l'avons mentionné précédemment. Chacun de ces partenaires détient, selon son type et niveau de compétences, les éléments de compréhension nécessaires aux besoins de la gestion et de la connaissance du phénomène sportif et de ses impacts territoriaux. Par ailleurs, lorsqu'ils ne détiennent pas précisément de l'information, certains partenaires s'appuient sur l'utilisation de données issues de partenariats avec les autres acteurs. Il s'agit d'un enjeu majeur, à la fois dans la compréhension du fonctionnement d'un territoire, mais aussi dans l'élaboration d'un outil destiné à représenter tout ou partie du fonctionnement de ce territoire ;
- il existe des filtres qui modifient notre perception du territoire. Il en découle une multi-perception thématique, qui doit être prise en compte. Elle est liée à la vision « métier » des différents acteurs : ainsi, un terrain de sport ne sera pas perçu et décrit de la même manière par un usager, un club, un gestionnaire ou une collectivité qui subventionne son fonctionnement ;
- il existe également une difficulté à identifier la dépendance de la perception des phénomènes géographiques vis-à-vis de l'échelle d'observation, notamment l'imbrication du micro local au global. Il se pose alors le problème de la conservation des liens structurels et fonctionnels entre ces différents niveaux (la perception des complexes sportifs au sein d'une agglomération ne sera pas la même dans le cadre d'une vision globale, avec une perspective de planification et d'une vision locale, dans le cadre d'une politique de lutte contre la ségrégation socio-spatiale) ;
- il est indispensable de prendre en compte l'historique des entités et l'imbrication des pas de temps, la compréhension des mécanismes d'organisation et de fonctionnement des territoires ne pouvant se faire sans référence historique (il est intéressant notamment pour les fédérations de connaître l'évolution du nombre de leurs adhérents au cours des dernières années et de localiser ces dynamiques dans l'espace) ;
- la prise en compte du sport dans son contexte territorial est incontournable : un équipement existe par rapport à ses caractéristiques, mais également par rapport à sa localisation et à l'usage qui en est fait par différentes catégories d'utilisateurs, par rapport encore à sa situation géographique dans un contexte d'accessibilité ou de concurrence vis-à-vis d'équipements similaires. Ceci nous amène à appréhender l'espace géographique de référence, en l'occurrence l'organisation spatiale du département du Jura et nécessite la mise en œuvre de données spatiales, dont la structure

complexe induit des méthodes et des outils spécifiques de type Système d'Information Géographique ;

- la diversité et l'hétérogénéité des données sont des obstacles importants, renforcés par le caractère multi-partenaires du projet. L'outil d'observation doit permettre de trouver des solutions afin de lier des données auparavant exploitées séparément. Les solutions méthodologiques et techniques sont alors directement inspirées des travaux menés dans le domaine des bases de données (intégration de schémas, métadonnées, formalismes et modélisation) (De Sède, 2002).

Cette première étape doit permettre de mettre en perspective les différentes attentes de fond des partenaires. Considérées isolément, celles-ci trouvent des réponses techniques simples. Suivre l'évolution d'une donnée dans le temps ne constitue pas un obstacle, changer d'échelle d'analyse en agrégeant des données, non plus, partager une information sur internet encore moins. Par contre, prendre en compte les dynamiques temporelles de différentes données liées entre elles, être capable de changer d'échelle d'observation instantanément, rendre compte graphiquement ou cartographiquement de toute modification de données, dans le cadre d'un partage instantané et constant des informations, n'est plus aussi simple à mettre en œuvre. Très rapidement, nous avons relevé l'absence (ou la rareté) de méthodes et d'outils adaptés à ce type de demandes, à commencer par une méthodologie validée de conception de Système d'Informations Territorialisées (SIT).

Une indispensable mise en relation des acteurs

L'expérience montre l'importance du rôle des acteurs dans l'élaboration d'un observatoire. Une fois identifiés, au-delà bien entendu des partenaires initiaux, il s'agit de comprendre dans quelle mesure ils vont pouvoir contribuer à l'enrichissement de l'observatoire en terme d'information, mais également, ce qu'ils vont pouvoir retirer de celui-ci. En effet, les acteurs se mobilisent rarement autour d'un projet s'il n'y a pas d'intérêt directement perceptible en retour, et leurs préoccupations s'articulent autour d'une série de besoins qui révèlent la légitimité du projet :

- en termes de gestion de données spatialisées (équipements et infrastructures, pratiques et pratiquants). Il s'agit pour les acteurs du fait sportif de localiser leurs informations de manière à rendre compte de l'organisation de l'espace géographique qui concerne leurs territoires, à différentes échelles. Ces besoins sont en tous points semblables aux applications classiques de gestion d'équipements qui permettent d'en décrire les caractéristiques, la maintenance[48], la gestion des plannings, la sécurité, etc. ;

- en termes de traitement et d'analyse de données spatialisées[49]. En effet au-delà de la seule localisation de certains phénomènes, il convient de représenter les interactions entre ceux-ci. Ainsi, la localisation d'un équipement et conjointement la localisation des licenciés qui utilisent cet équipement, donne lieu à la matérialisation d'une aire de chalandise indispensable pour comprendre la portée des équipements, pour identifier des espaces objectivement sous-équipés etc. Autre exemple, les distances entre les objets répartis dans l'espace géographique (gymnases et licenciés) permettent la mise en place d'informations relatives à l'accessibilité, indispensable pour s'assurer d'une localisation correcte d'un équipement par rapport à ses utilisateurs. En fin de compte, ces traitements peuvent permettre d'alimenter différents types de travaux :
  - des études visant à mettre en évidence des notions du type « équipements structurants », aires de chalandise des clubs sportifs... ;
  - des analyses en vue d'étudier les impacts et les rôles sociaux du sport et éventuellement de planifier (mise en œuvre de schémas territoriaux des équipements sportifs aux différents niveaux d'échelles (local, régional, national), études prospectives par disciplines ou sur la base d'unités territoriales, etc.) ;
  - des analyses multi-échelles permettant d'intégrer des problématiques de niveaux différents (du local au régional) ;
  - la définition de stratégies de développement.
- en termes de diffusion et de valorisation des informations brutes ou traitées, dans la perspective de produire des atlas locaux par exemple, ou encore des documents pour le grand public, les professionnels, les décideurs... (production de schémas de services collectifs, mise à disposition du public d'informations sur sites WEB, plaquettes, etc.) ;
- en termes d'échanges inter-partenaires et d'échanges avec des bases de données externes. L'observatoire peut être centré sur les compétences de la Direction Départementale de la Jeunesse et des Sports (détentrice de bases de données localisées et thématiques sur le fait sportif), et être accessible à un ensemble de partenaires (Conseil général, Associations, Communes, etc.), eux-mêmes

---

[48] Notamment avec une évaluation des coûts.

[49] Exemple : l'analyse centrographique, l'analyse des surfaces de tendances, les techniques d'autocorrélation spatiale, les méthodes d'interpolation numérique.

gestionnaires de données pertinentes. Ce type de montage permet entre autre :

- de mettre à disposition des données contextuelles (INSEE, IGN, etc.) qui ne sont pas forcément accessibles à tous les partenaires, ceux-ci ne disposant pas forcément des moyens de traiter ce type d'informations ;
- les échanges de données avec les partenaires institutionnels régionaux, départementaux, communaux, les uns et les autres profitant des informations mises à disposition dans le cadre de l'observatoire. Ainsi, un office municipal des sports (OMS)[50] disposant d'informations très précises sur ses équipements, ne parvient souvent pas à en estimer leur portée, ignorant la localisation des licenciés des associations utilisatrices qui sont par contre connues. À l'inverse, les comités sportifs estiment très difficilement les efforts consentis par les licenciés en matière de déplacement dans le cadre de leurs pratiques sportives, et ceci ne permet pas de poser les demandes d'utilisation des équipements les mieux localisés, etc. ;
- l'intégration dans le cadre d'études spécifiques de données en provenance de fédérations non impliquées directement dans le projet d'origine, etc. Ainsi, la DDJS souhaitant connaître l'impact de ses subventions en matière de développement de certaines disciplines, peut directement visualiser les courbes d'évolution du nombre de pratiquants, la féminisation de certaines disciplines, le niveau d'excellence atteint par certains clubs etc.

Ces différents besoins traduisent des attentes face aux exigences de la gestion du fait sportif et face à la complexité que représentent les territoires à aménager, à gérer ou encore à administrer. Les décisions doivent être prises avec un maximum de recul et en connaissance du contexte auxquelles elles se réfèrent. La multiplicité des acteurs qui animent les territoires et la multiplicité des informations qui décrivent ces derniers, nécessite donc leur mise en relation au moyen d'outils adaptés, capable de représenter en partie la complexité territoriale.

Restituer partiellement la complexité d'un territoire : bases de données territoriales et systèmes d'informations

L'inventaire des besoins nous conduit à proposer un concept d'outil centré sur la notion de base de données, prenant en charge la gestion, la mise

---

[50] Hamida A., 2005, « Pourquoi et comment le service des sports de Dole utilise SPODJ ? », www.andiss.org.

à jour et l'interrogation des données thématiques (sportives, socio-économiques...). Cette base de données, mise en relation et exploitée par un ensemble d'outils dédiés, notamment un logiciel de Système d'Information Géographique[51], chargé de la gestion et de l'analyse des données géographiques constitue dans son ensemble un véritable Système d'Information Territorial. L'objectif, conformément à la définition du territoire proposée dans la première partie, est de permettre à la fois de rendre compte :

- de l'organisation spatiale du territoire, en localisant les objets répartis dans l'espace géographique, les uns par rapport aux autres, compte tenu de leurs caractéristiques ;
- des relations entre les différents phénomènes liés à une problématique à travers la représentation des liens entre les différentes bases de données produites par les acteurs ;
- des relations entre les différents acteurs par le biais du partage de l'observatoire dans une perspective d'enrichissement mais également d'exploitation.

D'un point de vue purement technique, ces attendus impliquent une démarche et des développements qui reposent sur :

- la conception et la structuration d'une base de données dite attributaire intégrant des données thématiques spécifiques au domaine sportif ainsi que des informations contextuelles pertinentes (données démographiques, sociologiques, réseaux, modèle numérique de terrain, etc.) pour répondre aux questions d'organisation de l'espace ;
- la construction d'une base de données géographique, intégrant les objets graphiques géoréférencés (point, lignes et polygones) traduisant les entités géographiques courantes (exemple : limites de communes, arrêts de bus, voirie, bâtiments et terrains de sports, points adresse pour la localisation des pratiquants, etc.) pour répondre aux questions phénoménologiques ;
- le partage de l'outil en temps réel entre les différents acteurs, par l'intermédiaire d'un serveur internet.

Cette architecture peut être complétée, en fonction des besoins, par l'adjonction d'outils cartographiques et statistiques. Ceci illustre la nécessité de se doter d'outils standards, permettant une circulation aisée de la donnée à travers les différents outils logiciels (gestion de bases de données, analyse spatiale, cartographie).

---

[51] Un système d'Information Géographique peut être défini comme un outil permettant de saisir, de manipuler, gérer, analyser et valoriser (par le biais de représentations cartographiques notamment) des données géographiques.

Cette option technique est justifiée par les limites constatées des logiciels de SIG standard en matière de gestion et d'interrogation de bases de données (Thiam, 2002). L'outil mis au point permet finalement :

- de consulter de multiples indicateurs liés aux équipements (type, taille, date de construction, de rénovation, composition, planning d'occupation, etc.), aux pratiques (clubs et leurs caractéristiques) et aux pratiquants (sexe, âge, club d'appartenance) ;
- de réaliser des cartes doublement dynamiques puisqu'elles permettent de prendre en compte instantanément toute modification dans la base, et peuvent être améliorées à volonté (discrétisation, type de représentation, etc.) ;
- de poser des requêtes complexes qui vont utiliser les liens mis en place entre les données (accessibilité des équipements, intensité des pratiques, féminisation des pratiques, etc.) ;
- de suivre des évolutions puisque la profondeur d'analyse de tous les indicateurs est de 5 ans ;
- d'interroger à différentes échelles, du département à la commune, en passant par le canton, les structures communales et les Pays.

Un indispensable partage grâce aux NTIC (réseau Internet) qui permet de conserver les liens entre les acteurs

Cependant, aujourd'hui, la compréhension des dynamiques spatiales, l'anticipation des évolutions relatives à un territoire, les projections en relation avec des politiques à mettre en œuvre, bref la prise de décision, nécessitent pour les différents acteurs territoriaux de disposer d'outils capables de restituer très rapidement les modifications qui affectent ce territoire par le biais de l'évolution des données qui le décrivent, et autour d'indicateurs partagés. Ceci passe nécessairement par la mise en place de techniques fondées sur l'utilisation des réseaux à haut débit, à la fois pour renseigner et actualiser la base de données, mais également pour exploiter les informations qui y sont contenues.

La structuration de l'observatoire autour d'un serveur web de données, connecté à un serveur de cartes, permet donc :

- une mise en relation des partenaires qui, sinon, évoluent dans un univers relativement cloisonné. En forçant finalement à l'échange, l'observatoire permet de faire redécouvrir des liens, et permet surtout une réactivité maximale ;
- une production d'informations valides à partir d'une base de données unique, économisant ainsi des vérifications puisqu'une information est traitée et validée pour l'ensemble des acteurs ;
- une actualisation à tout moment de la base, et une prise en compte immédiate des modifications dans la construction des indicateurs (tableaux, graphiques, cartes) ;

– une économie de moyens considérable puisque les logiciels utilisés ne sont acquis qu'en un exemplaire et réactualisés de la même manière évitant les multiples versions.

Face à la complexité reconnue des territoires, qui se recomposent sans cesse au travers d'acteurs de plus en plus nombreux alors que les informations qui les décrivent ne cessent de se multiplier, il est nécessaire de se doter d'outils performants. Le cœur des observatoires que nous préconisons doit demeurer en prise directe avec les acteurs qui les utilisent, nous devons donc organiser et lier les données de manière optimale afin qu'elles puissent converser suivant les requêtes établies par les utilisateurs. Plus que des outils liés entre eux, il s'agit véritablement d'une nouvelle philosophie de l'observation, qui permet aux acteurs de maîtriser les multiples informations qui décrivent les territoires, en fonction des attendus de chacun, et qui permet surtout de lier des acteurs qui se connaissent mais ne coopèrent pas forcément de la manière la plus efficace. Il s'agit en fait de ne plus considérer le territoire comme un enjeu de conquête : nous disposons en effet d'outils technologiques puissants, d'une multitude de données qui ne sont pas mis à profit tout simplement parce que les territoires sont considérés comme des ensembles préexistants, alors qu'il faut les considérer comme une construction dynamique de l'homme. Cependant, la complexité sous-jacente au fonctionnement des territoires, constitue souvent un frein à leur représentation. Elle rebute souvent les acteurs et limite les innovations et par conséquent les outils capables d'aider à la compréhension de ces fonctionnements.

Mise en œuvre d'un observatoire du fait sportif : l'expérience de SPODJ[52]

Il s'agit de revenir maintenant sur la définition associée à la pratique des observatoires. Ceux-ci sont en effet nombreux, leurs caractéristiques sont très diversifiées, mais surtout, ils reposent sur des philosophies quelque fois très éloignées de ce que nous préconisons. Nous avons présenté les attendus liés à l'observation, il est donc maintenant plus aisé de définir ce que nous entendons par observatoire. Il s'agit d'un dispositif mis en œuvre par plusieurs partenaires pour suivre l'évolution d'un ou plusieurs phénomènes, dans l'espace et dans le temps.

[52] Le projet SPODJ (SPOrt Département Jura), sous la direction de MOINE (A.), a impliqué 9 personnes (un informaticien, trois maîtres de conférences, un professeur, trois doctorants et un étudiant de maîtrise). Il s'est déroulé en trois temps de 2001 à 2004 :

2001 : diagnostic du fait sportif dans le département du Jura ;

2002-2003 : développement et mise en place de l'observatoire ;

2004 : mise en production de l'observatoire.

Figure 6.1 : Des observatoires pour représenter l'organisation de l'espace géographique en fonction des acteurs

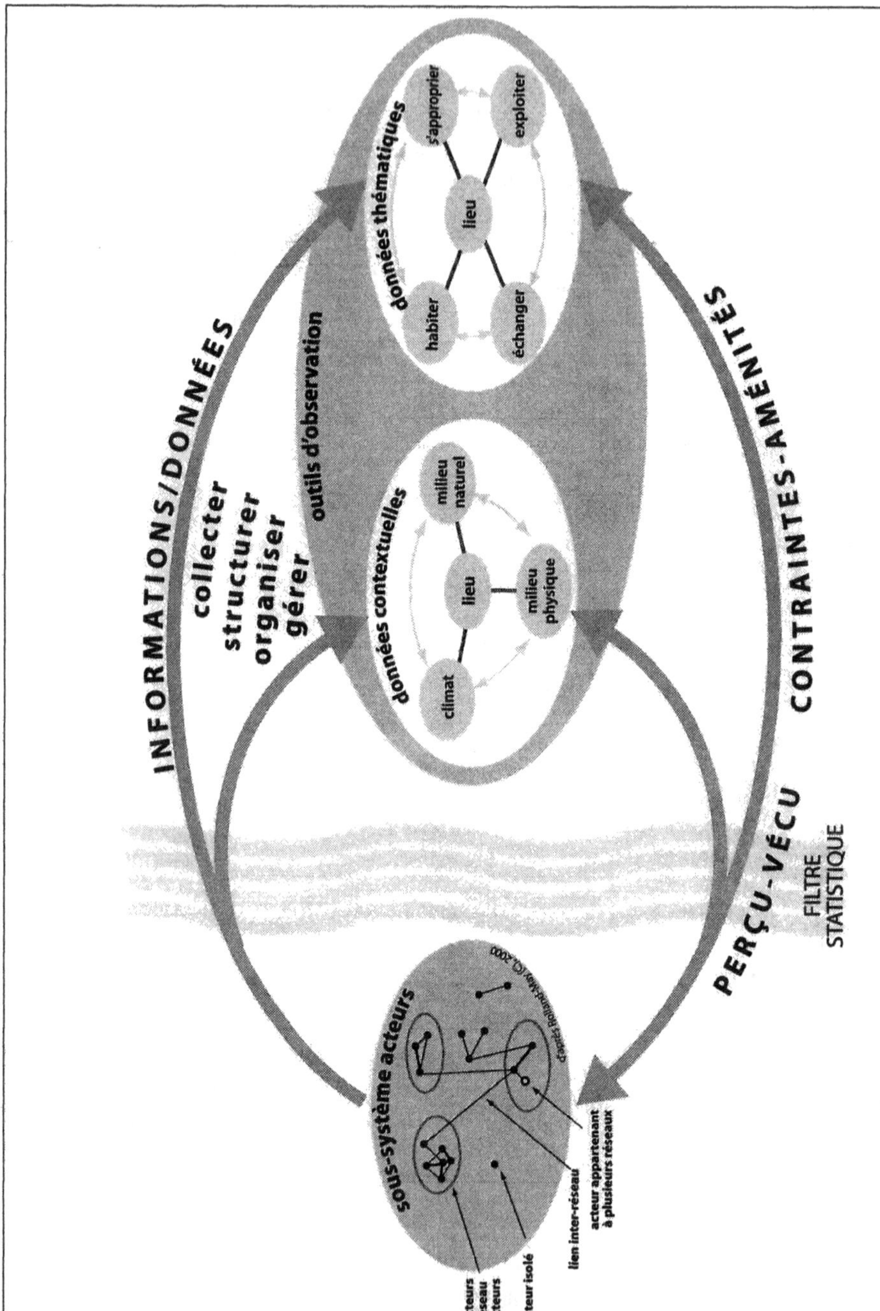

L'observation d'un phénomène s'appuie sur la mise en relation et en cohérence de données, restituées sous forme synthétique, de tableaux, de graphiques, de cartes ou d'indicateurs statistiques. La notion de partage est donc fondamentale, elle s'inscrit à la fois en amont du projet d'observation (qui observe quoi, qui contribue à l'enrichissement de l'observatoire), et en aval (qui exploite l'observatoire).

Simple en apparence, la résolution de ces questions pose en fait de redoutables problèmes organisationnels, autour desquels achoppent les acteurs lors de la mise en œuvre d'outils d'observation. C'est pour cette raison que nous accordons une attention particulière à la mise en relation des acteurs autour d'un observatoire. Comme le note Henri Pornon, « partir du territoire (comme nous le faisons) (...) pour s'interroger sur l'utilité des SIRS[53] (...) c'est s'intéresser à l'acteur, au social, à la politique » (Pornon, 1996). La prise en compte des acteurs s'exprime de trois manières :

- dans les démarches préalables à la construction de l'observatoire, lorsque les acteurs sont identifiés, ainsi que leurs besoins. Cette phase organisationnelle est fondamentale puisqu'elle va conditionner les relations entre les acteurs autour de la mise en place et de l'utilisation de l'observatoire ;
- dans la réflexion lors de la construction de l'observatoire qui doit déboucher sur un cahier des charges très précis, tant en ce qui concerne ses caractéristiques techniques que son contenu informationnel, qui fixe très tôt les droits et devoirs de chacun. Ceci évolue bien sûr dans le temps au fur et à mesure que d'autres partenaires contribuent à sa mise en œuvre ou à son exploitation ;
- dans l'exploitation, la mise en production et le fonctionnement de l'observatoire qui ne doit pas être « confisqué » par quelques partenaires, ni non plus exposé à une multitude d'acteurs sans gestion cohérente. C'est la pérennité de l'outil qui est alors en jeu et bien des projets échouent dans cette phase finale, lorsque finalement aucun acteur n'est capable d'animer l'observatoire, ou à l'inverse, l'outil fait l'objet de confiscation ou de méfiance dans son partage.

La mise en œuvre de l'observatoire SPODJ est à ce titre exemplaire dans la mesure où, au-delà des aspects techniques que nous ne développerons pas ici, nous avons essayé de mettre en place une démarche cohérente, accessible et totalement opératoire.

Celle-ci est à mettre en étroite relation, avec l'existence de systèmes territoriaux (Fig. 6.1). Les acteurs sont donc primordiaux dans cette perspective, mais l'espace géographique et ses multiples attributs ne le sont pas moins. Comme le mentionnent Marie-Hélène De Sède et Marius

[53] SIRS : Système d'information à référence spatiale.

Thériault, « l'écueil principal réside essentiellement dans une définition correcte de la mission et des objectifs institutionnels qui justifient la réalisation d'un SIRS » (De Sède, 1996). Ajoutons, que dans ce type de démarche, c'est l'information qui doit primer, nous amenant à oublier dans un premier temps l'instrumentation informatique pour la retrouver ensuite non pas comme objectif, mais comme outil d'aide à la compréhension d'un territoire. En l'occurrence, c'est la prise en compte du fait sportif dans un cadre départemental qui constitue le point de départ de nos réflexions.

Nous avons donc identifié cinq étapes fondamentales autour de la mise en place de l'observatoire :

- le recensement des acteurs qui constituent le système sportif dans un cadre départemental, mais également des différents éléments à prendre en compte dans l'observation, en s'appuyant sur une démarche systémique (approche descendante, désagrégation, graphe causal) ;
- l'identification des besoins des commanditaires et la mise en relation avec les résultats issus de la première phase. Il s'agit d'une part de rendre compte aux partenaires de l'organisation des acteurs et de l'espace géographique appréhendé, d'autre part de recueillir leurs attentes en matière d'observation. La démarche est itérative, les demandes des acteurs appelant à une validation de nos propres observations, celles-ci réorientant le cas échéant ces demandes ;
- la mise en place d'un Modèle Conceptuel de Données (MCD) capable de répondre aux attentes des acteurs en matière d'observation, et restituant dans le même temps les spécificités du système observé. La mise en relation des données par cet intermédiaire, constitue le socle à partir duquel seront définis les indicateurs, et plus globalement, à partir duquel s'organisera l'accès aux données et aux informations. C'est de sa qualité que dépendra l'observation. Cette troisième phase doit bien entendu être totalement validée par les partenaires, en adéquation complète avec leurs attentes ;
- la création des requêtes, des interfaces utilisateurs et le partage de l'observatoire en aménageant des accès sur le serveur en fonction des attentes spécifiques de chacun des utilisateurs ;
- la mise en production de l'observatoire, c'est-à-dire l'organisation de son partage entre les partenaires, progressivement élargis en fonction des attendus d'observation, des données prises en compte et mises à disposition par de nouveaux partenaires, de la volonté de rentabiliser la démarche entreprise.

Ces différentes étapes nécessitent la formalisation d'un cahier des charges très précis. En effet, chaque étape requiert des analyses assez poussées, préalable indispensable à un observatoire cohérent, opérationnel et liant plusieurs partenaires.

L'approche systémique pour identifier les acteurs et les objets sport au sein d'un département

La représentation systémique du territoire doit en fait, dans le contexte de mise en œuvre d'un outil d'observation partagé, permettre « d'aboutir à un référentiel commun à l'ensemble des partenaires, à une vision globale et à long terme, et à un développement harmonieux du territoire dans toutes ses dimensions » (Pornon, 1998). Cette approche est riche d'enseignements, elle est d'ailleurs dite « cognitive » (Rechenmann, 1983), et permet d'organiser et de structurer les informations relatives au territoire représenté. La désagrégation du système territorial de base (Fig. 6.2 et 6.3) sera effectuée en fonction de ses spécificités et des buts que l'on s'est assigné.

Cette démarche a pour intérêt principal de présenter de manière relativement exhaustive les éléments constituant un système, en réduisant les oublis, puisqu'à chaque niveau de désagrégation la question est posée de savoir quels éléments sont indispensables à sa représentation. Dans ce cas, cette procédure descendante s'applique aux sous-ensembles thématiques abordés et non aux découpages géographiques correspondant à une autre échelle. De nombreuses interrogations sont apparues quant aux limites de la désagrégation : jusqu'où pousse-t-on l'approche descendante ? Ceci revient à s'interroger sur les frontières du système modélisé qui posent d'importants problèmes dans la mise en place de certains dispositifs. Ainsi, ne prend-on en compte que les acteurs locaux qui vont utiliser l'observatoire, Conseil Général, DDJS et CDOS, ou intègre-t-on également :

- les Offices Municipaux des Sports ;
- tous les types de fédérations ;
- les différents Ministères dont les décisions peuvent influencer le fait sportif ;
- le sport de haut-niveau dont on sait qu'il relève d'autres échelles de compétence.

D'autres interrogations se posent par rapport aux objets de l'espace géographique à prendre en compte, quels réseaux, quels types d'équipements, jusqu'à quelles échelles. Ainsi, identifie-t-on les salles à l'intérieur des gymnases eux-mêmes susceptibles d'être intégrés à un complexe sportif, etc. ?

Figure 6.2 : Approche descendante et identification des sous-systèmes des acteurs du fait sportif départemental

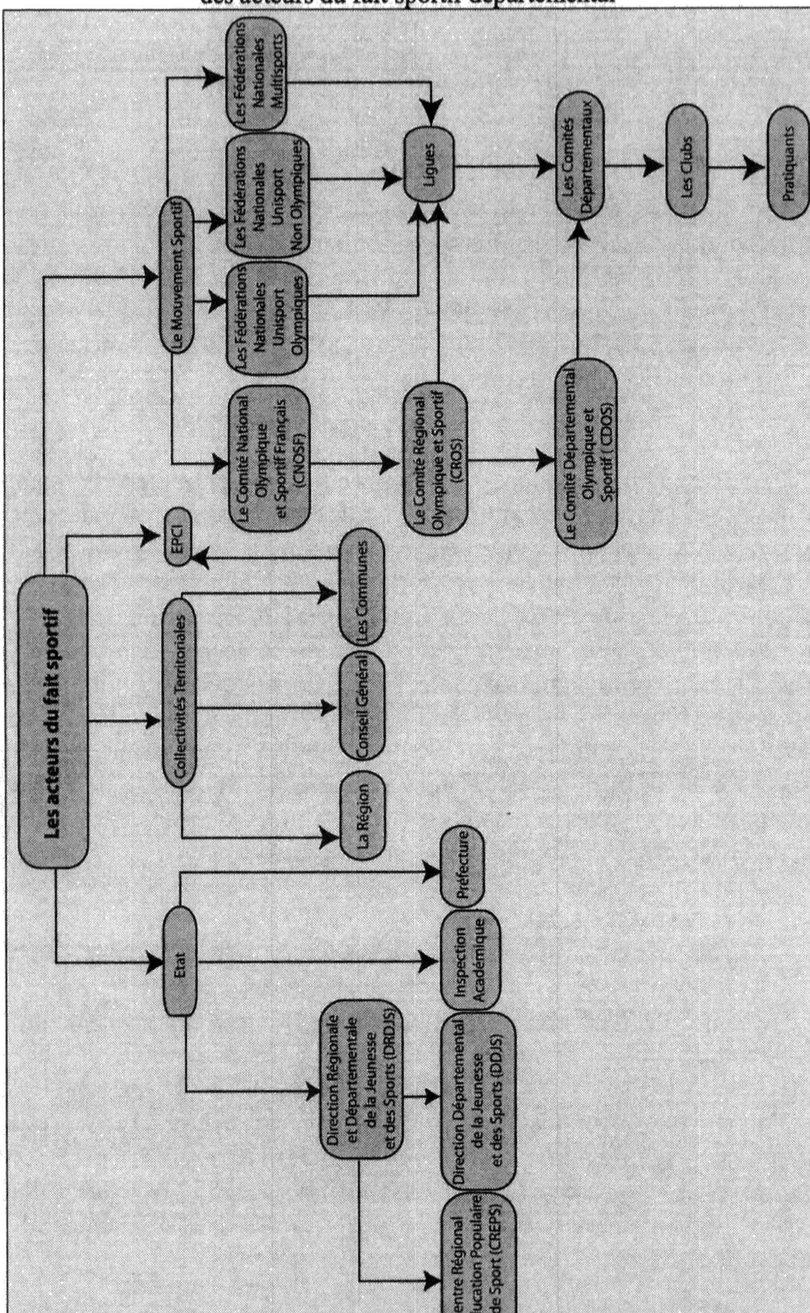

MORANT E., 2002 : « Spatio-temporal database at the level of the Jura : toward an observatory of sports », 10th European Sport Management Congress in conjonction with the 4th International sport Management Alliance Conference, Helsinki, septembre 2002.

La résolution de ces questions passe par des entretiens avec les commanditaires de l'observatoire, qui vont définir les sous-systèmes et les éléments qu'ils veulent prendre en compte, ainsi que par des réunions entre spécialistes de la thématique. Cependant, à ce stade d'avancée méthodologique, il apparaît clairement qu'aucune relation transversale n'est prise en compte. Par exemple, si la filiation du sous-système « acteurs » est correctement intégrée (le sous-système « acteurs » contient des sous-systèmes (...) qui contiennent à leur tour des sous-systèmes, qui contiennent des éléments), on ne représente pas les relations qu'entretient ce sous-système avec les sous-systèmes « équipements » ou « pratiques » ; or son évolution en dépend directement, mieux, certains acteurs sont en charge d'équipements alors que d'autres n'interviennent qu'au niveau des pratiquants.

Le système territoire ne se limite donc pas à l'identification d'une structure hiérarchique. Il est indispensable d'identifier les relations qui s'établissent entre les composants du système tels qu'ils ont été définis lors de l'approche descendante.

Il s'agit ensuite d'identifier les multiples boucles de rétroaction qui confèrent sa complexité au système, et qui seront représentées sous forme de graphe causal (Fig. 6.4) (Laurini, 1984), sur la base duquel sera établi le modèle conceptuel de données. Nous ne présenterons pas ici la formalisation de l'ensemble des relations entre les différents sous-systèmes thématiques, mais nous nous contenterons de fournir quelques exemples simples illustrant différents types de relations :

- on peut ainsi déterminer des relations entre les institutions en charge de la gestion des équipements, gestion directe (commune) ou sous forme de subventions (département, région) ; ou encore en charge de la promotion des pratiques. Il est ainsi possible de préciser les niveaux de compétence, de prendre par exemple la mesure des conséquences de la décision de construire un nouvel équipement par une commune alors que dans le même temps il existe des directives nationales qui régissent certaines pratiques qui s'y déroulent. Ainsi, une étude note que les relations entre les communes et les fédérations sont faibles ou inexistantes[54] alors que le respect de certaines normes lors de la construction d'un équipement peut autoriser des pratiques de haut niveau. Dans les cas mentionnés les données demeurent de nature informationnelle (métadonnées) ;

[54] pour la moitié des 1 200 maires enquêtés, représentatifs des maires de France, *in Les communes et le sport*, Association des Maires de France, 4èmes rencontres internationales, 28 et 29 avril 1998.

Figure 6.3 : Approche descendante et identification des sous-systèmes des objets du fait sportif départemental

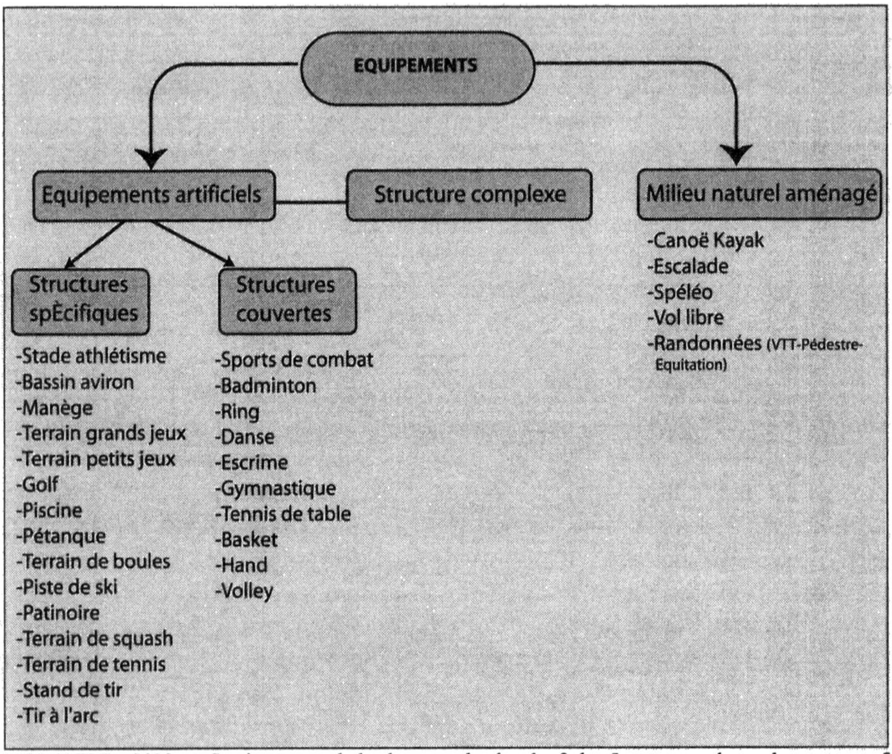

MORANT E., 2002 : « Spatio-temporal database at the level of the Jura : toward an observatory of sports », 10th European Sport Management Congress in conjonction with the 4th International sport Management Alliance Conference, Helsinki, septembre 2002.

- cette gestion se fait au regard de la demande émanant des pratiquants, mais aussi en fonction d'un potentiel en relation avec la population locale, ce qui nécessite cette fois non seulement d'identifier la localisation des équipements, des pratiquants mais également celle de la population d'une manière plus globale, en tenant compte de ses caractéristiques ;
- l'implantation d'infrastructures dépend également des politiques nationales (promouvoir un type de sport dans un cadre précis, la natation à l'école par exemple), et il y a loin dans certains cas entre les orientations et la réalité de terrain (accessibilité des équipements). Il s'agit alors d'éviter des investissements qui s'avéreraient inutiles, ou des prises de décisions contradictoires. Ainsi, une politique régionale (promouvoir quelques sports phares représentatifs de l'image régionale que l'on veut forger) peut ne pas correspondre à celle du Département (veiller à l'accessibilité de certains équipements et partant de certaines pratiques), ou encore à celle de certaines communes (satisfaire la demande locale à tous niveaux, promouvoir d'autres pratiques phares, etc.).

À l'issue de cette première approche, une difficulté apparaît en ce qui concerne la mise en œuvre du Modèle Conceptuel de Donnée (MCD), qui doit reprendre les informations contenues dans le graphe causal. La formalisation du MCD nécessite un nouveau travail d'analyse qui va s'appuyer cette fois sur l'inventaire et la compréhension des attentes des différents acteurs, qui vont ainsi conditionner les données prises en compte et les relations à établir entre celles-ci. L'ensemble des relations ainsi identifiées doit permettre de représenter le fonctionnement des systèmes territoriaux étudiés, et l'impact de certaines actions en termes de gestion ou de planification.

Recensement et compréhension des attentes des différents acteurs

Les attentes de la part de nos partenaires sont nombreuses, elles ont rapidement débouché sur un cahier des charges précis, fixant à la fois l'information recueillie, les indicateurs produits les attendus techniques de l'outil, le mode d'exploitation. Si on reprend ces divers points, on constate rapidement la complexité de la tâche :

- l'outil doit, au départ, permettre de mettre en relation trois acteurs intervenant dans le devenir du fait sportif à l'échelon départemental :
    - le Conseil Général du Jura pour la collectivité locale ;
    - la Direction Départementale de la Jeunesse et des Sport du Jura pour l'État ;

• le Comité Départemental Olympique et Sportif du Jura pour le mouvement sportif.

Figure 6.4 : Graphe causal représentant le système « fait sportif » départemental

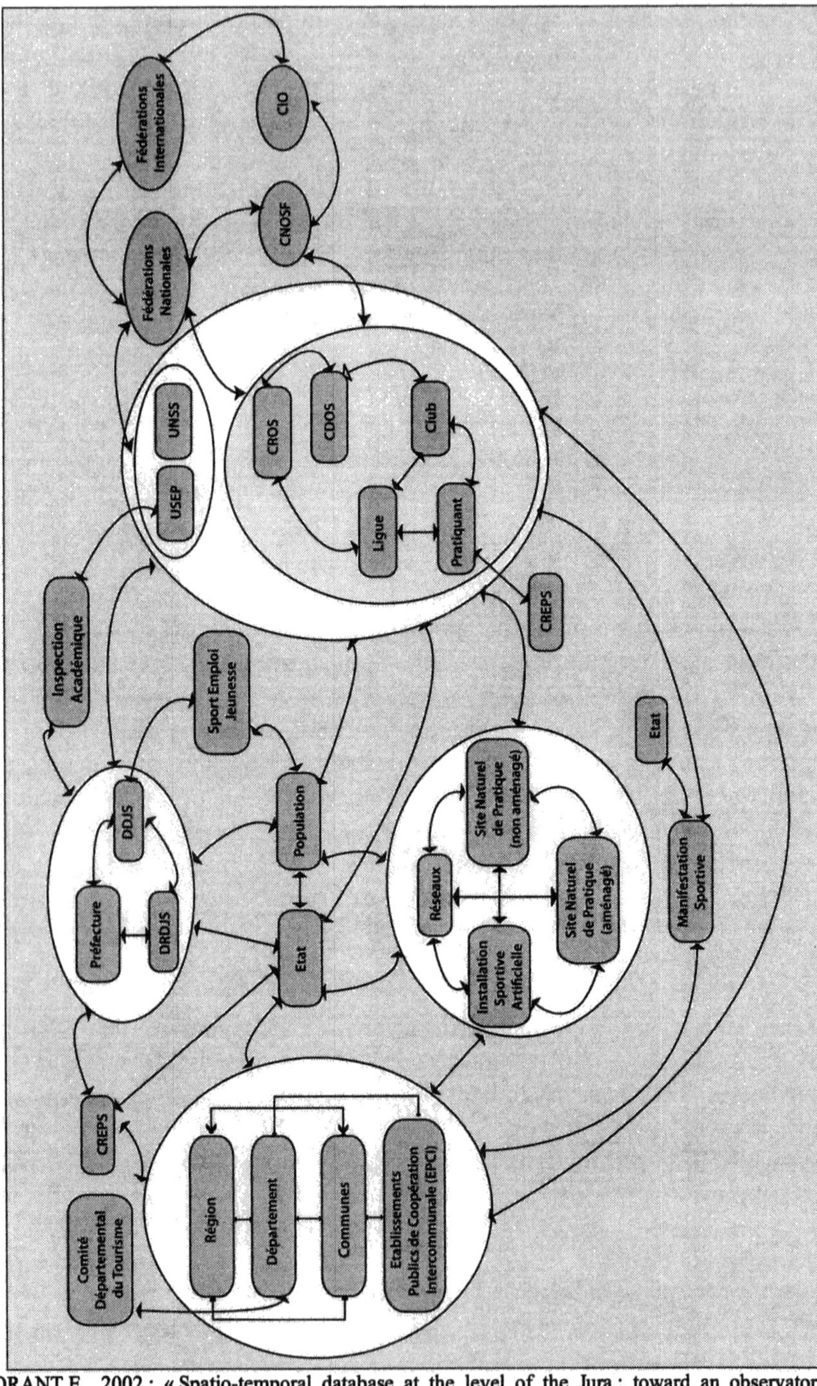

MORANT E., 2002 : « Spatio-temporal database at the level of the Jura : toward an observatory of sports », 10th European Sport Management Congress in conjonction with the 4th International sport Management Alliance Conference, Helsinki, septembre 2002.

Il doit en outre permettre d'intégrer facilement de nouveaux acteurs tant au niveau de la fourniture des données que de l'exploitation de l'observatoire ;

- l'observation doit porter sur l'ensemble du fait sportif avec notamment la prise en compte :
  - de la totalité des disciplines qui s'expriment dans le cadre départemental, sous l'angle des comités, des clubs, des équipes, des licenciés, ces derniers étant identifiés par leur date de naissance, leur sexe, leur lieu d'habitation et leur appartenance à un club ;
  - des budgets des clubs et des subventions reçues ;
  - des sportifs de haut-niveau localisés dans le département du Jura ;
  - des personnels d'encadrement (brevetés) ;
  - des établissements scolaires ;
  - des manifestations sportives ;
  - des équipements sportifs publics, suivant une série d'attributs, précise qui doit correspondre aux attendus du ministère dans la perspective d'une future « enquête équipement » au niveau national ;
  - de l'utilisation des équipements par les clubs ;
  - de la population (recensement général de la population) ;
  - des réseaux routiers et de l'accessibilité de tous les objets pris en compte dans la base.
- Par ailleurs, un certain nombre de requêtes spécifiques sont demandées, relatives :
  - à l'accessibilité des équipements ;
  - aux taux de pratiques ;
  - à la présence des femmes.
- Enfin, d'un point de vue technique, l'observatoire doit être localisé sur un serveur partagé sur internet, il doit en outre pouvoir :
  - produire des informations (tableurs, graphiques, cartes) ;
  - être réactualisé, ceci faisant évoluer automatiquement et instantanément les indicateurs en fonction des données introduites dans la base ;
  - permettre l'observation sur les cinq dernières années, cinq années supplémentaires étant archivées ;
  - assurer des changements d'échelle instantanés, du département à la salle d'un gymnase en passant par les cantons, les pays ou encore les intercommunalités ;
  - être accessible de manière sécurisée, partielle ou totale suivant les utilisateurs.

L'aperçu des attentes des partenaires montre à la fois l'importance des questionnements auxquels il est nécessaire de répondre, et le haut degré de technicité requis afin de pouvoir offrir la totalité des attendus, notamment dans le cadre d'une observation spatio-temporelle, en temps réel.

La phase de modélisation : rendre accessible à l'informatisation la complexité du fait sportif

Le cahier des charges défini, il s'agit de représenter la complexité du fait sportif, en fonction des attendus des partenaires. Nous ne nous attarderons pas sur cette phase, qui repose sur une méthodologie développée dans le cadre des récents travaux menés par une équipe pluridisciplinaire[55] et notamment en relation avec Marie-Hélène De Sède (De Sède, 2002). La conception d'applications informatiques, (l'observatoire que nous présentons en est une), doit s'accompagner d'une phase de modélisation. Les concepteurs de bases de données classiques connaissent bien les intérêts de passer par une étape de modélisation conceptuelle avant d'aborder la modélisation logique, afin d'exprimer les particularités de l'application et donc les besoins fondamentaux des utilisateurs (Parent, 1997). En outre, le résultat de cet effort, indépendant des logiciels qui seront utilisés en aval, garantit la flexibilité de l'application[56] tout en fournissant une réelle structure d'accueil de l'ensemble des données. Enfin, la lisibilité des modèles conceptuels facilitera les échanges de données inter-partenaires, ce qui dans le contexte de ce projet, présente un intérêt certain.

Le modèle proposé offre une grille de lecture partielle du fait sportif à travers une perception territorialisée dans laquelle contextes spatiaux et localisations tiennent une place importante. L'espace devient alors aide à la négociation et non plus enjeu de pouvoir. Le modèle est ainsi le résultat d'une démarche d'analyse systémique, présentée dans une première phase, qui a permis d'identifier les principaux composants du système sport. Les équipements, les pratiques et les pratiquants sont liés par des relations, dans un contexte géographique défini. Cette modélisation tente, entre autre, de fournir un outil apte à répondre :

- aux demandes en termes de compréhension des logiques de structuration et de développement territorial ;
- à l'appréhension des rôles socio-spatiaux du sport dans nos sociétés ;
- à la compréhension des logiques de diffusion des pratiques ou des hiérarchies sportives[57], permettant entre autre de localiser des aires de recrutement tant des pratiquants que des spectateurs.

---

[55] Celle-ci réuni des informaticiens, des géographes et des spécialistes des bases de données.

[56] Ces différents arguments en faveur de la modélisation conceptuelle des applications à données spatio-temporelles sont développés notamment par l'équipe du Laboratoire de Bases de Données de l'Ecole Polytechnique Fédérale de Lausanne

[57] À l'image des travaux de certains géographes, visant notamment à décrypter les rapports entre hiérarchies sportives et urbaines (Ravenel, 1998).

On notera la similitude dans la représentation, avec le graphe causal issu de l'approche descendante. Cependant ceci ne signifie pas que le passage de l'un à l'autre soit simple. Aucune transposition automatique n'est possible. Le graphe causal permet d'acquérir de l'information relative à un système complexe, il s'agit d'une première forme de représentation. C'est à partir de ces informations, décrivant le fonctionnement du territoire étudié, que nous bâtissons le modèle conceptuel guidé par les attendus des partenaires en matière d'indicateurs et de requêtes. Sans entrer dans une description détaillée de celui-ci, nous pouvons identifier quelques éléments clés :

- d'un point de vue spatial, on peut remarquer que la commune constitue le pivot. Il n'y a pas d'entrée privilégiée, cependant chaque objet étant référencé à la commune, il est possible de réaliser des agrégations de manière à permettre des observations sur des espaces précis. Par ailleurs il est possible de mettre en place des dispositifs qui permettent aux acteurs de construire des espaces d'étude « à la carte », de manière à simuler notamment l'évolution des intercommunalités ;
- les associations sont également un pivot important dans la mesure où elles sont identifiées sur les plannings d'utilisation des équipements, ce sont à elles que se rattachent les licenciés, elles supportent souvent l'organisation des manifestations, et reçoivent les subventions de la part des différents acteurs locaux. Par le biais des relations entre les données on comprend donc par exemple, que la représentation de l'aire de chalandise d'un équipement dépendra de la liaison entre une association, ses licenciés et l'équipement considéré ;
- citons enfin les équipements, au cœur des pratiques, supports des manifestations sportives, enjeux de subventions etc.

La phase de conception : adapter l'outil aux besoins des acteurs

Si les trois premières phases sont fondamentales, afin que l'observatoire développé corresponde totalement aux attentes des partenaires sur le fond, cette quatrième phase est également importante puisqu'elle va conditionner son utilisation. En effet, si l'outil est destiné à l'aide à la décision, de surcroît partagé entre plusieurs utilisateurs, sa mise en œuvre doit être simple, conviviale et totalement adaptée aux besoins de ceux-ci.

Sans cela, la valorisation et la pérennisation des efforts menés peuvent être réduites à néant. Cette nécessité implique le développement d'interfaces conviviales, rendant l'outil accessible aux utilisateurs potentiels, par définition non-spécialistes des domaines des bases de données et des systèmes d'informations géographiques (par l'intermédiaire de menus adaptés, de procédures de traitements préprogrammées pour le calcul de coûts d'entretien d'équipements sportifs, pour la cartographie de zones de chalandise de clubs, etc.). Bien évidemment ces développements ne sont possibles qu'une fois les bases de données renseignées, et sur la base d'un cahier des charges très précis.

Figure 6.5 : Structure canonique du système d'information-décision

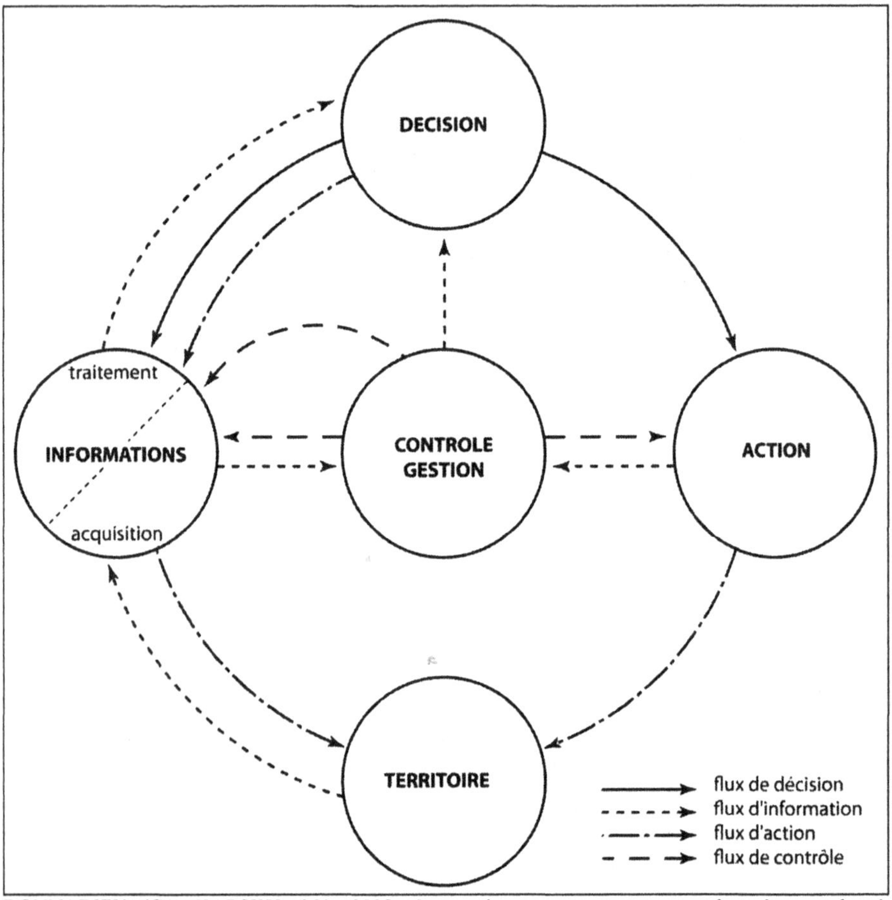

DONNADIEU (G.), KARSKY (M.), 2002, *La systémique, penser et agir dans la complexité*, pp. 176-177, Ed. Liaisons, Paris, 269 p.

Il est notamment indispensable de veiller à ce que les différents acteurs puissent utiliser l'observatoire en fonction de leurs attentes propres (vocabulaire utilisé, types d'indicateurs, format des informations produites, etc.). C'est à cette condition que l'outil d'observation sera approprié partagé, et ultérieurement amélioré et développé.

La phase de mise en production : partager, renseigner et exploiter l'observatoire

La dernière étape qui consiste en la mise en production et au partage de l'observatoire est importante. En effet, les efforts consentis auparavant peuvent ne déboucher que sur une faible exploitation si les acteurs ne s'approprient pas les outils, et surtout, s'ils ne consentent pas au partage en relation avec une autorité définie. En effet, dans une vision traditionnelle de réduction de la complexité, il ne peut y avoir de système d'information simple et efficace sans autorité pour régler les conflits.

L'acquisition de l'information et son traitement doivent permettre la décision et l'action, l'ensemble de ces quatre fonctions étant articulé autour de la notion de contrôle. Ceci conditionne par conséquent la circulation de l'information, son partage et son utilisation. La complexité du système d'information-décision qui en découle montre l'importance des enjeux autour des outils d'observation (Fig. 6.5).

Un observatoire ne vit que s'il est renseigné, et surtout exploité. Le partage des accès est donc fondamental et suscite quelquefois des difficultés tant l'information qu'il contient peut être perçue comme stratégique par certains qui souhaitent alors en restreindre l'accès. À travers ce que vient d'être décrit, l'expérience montre qu'il est possible de rendre compte de la complexité du fonctionnement des territoires. Un observatoire correctement bâti doit donc susciter des négociations puisqu'il est le reflet de territoires forcément en tension. Il s'agit donc d'adopter une approche de type « charte », qui se caractérise par l'adhésion d'acteurs motivés, fonctionnant sur le principe de la négociation, entre les fournisseurs et les consommateurs de données.

Le projet de conception d'observatoire que nous avons porté, entre maintenant dans sa phase de production. Il est progressivement renseigné par les acteurs qui le pilotent et va devoir s'ouvrir à un plus grand nombre d'utilisateurs, tandis que les fournisseurs d'informations vont devoir acquérir une autonomie totale dans la transmission des données. L'appropriation par les différents acteurs sera longue, dans un contexte organisationnel (le système sport) où ceux-ci ont peu l'habitude de partager l'information et de mutualiser les moyens. C'est dans ce contexte, que le Département, en tant que collectivité territoriale, peut jouer un rôle efficace, en impulsant la dynamique nécessaire au fonctionnement de l'observatoire, entraînant le mouvement sportif et l'État dans son sillage. L'échelon communal représenté par les Offices Municipaux des Sports pour les plus grandes villes, devrait jouer un rôle majeur dans la fourniture des données relatives aux équipements, tandis que le mouvement sportif sous l'angle des comités permet de renseigner l'observatoire sous l'angle des pratiques et des pratiquants. Ajoutons le rectorat, partenaire potentiel afin de fournir les informations relatives aux structures d'enseignements et aux équipements associés, aux pratiques sportives dans le cadre du temps scolaire. L'échelon régional ne devrait pas être indifférent à cette démarche puisque le sport de haut-niveau s'exprime dans le cadre départemental, tant dans les pratiques que dans la localisation de certains équipements liés notamment à la présence des Centres Régionaux d'Education Populaire et Sportive (CREPS).

Chapitre 7

UN EXEMPLE D'UTILISATION DE L'OBSERVATOIRE

La création d'une piscine à Dole

Une demande sociale, une problématique et des hypothèses pour une série de requêtes

La demande sociale exprimée dans cet exemple, constitue une interrogation parmi les nombreuses formulées par les utilisateurs de l'observatoire. Elle émane de l'Office Municipal des Sports de Dole, ville de près de 30 000 habitants. Si on considère l'histoire de l'aménagement du territoire en France, dans le domaine du sport, on constate que les municipalités ont accompli un effort très important dans la mise en place des équipements structurants. Aujourd'hui elles en assument souvent la gestion et doivent se poser de manière précise la question des nouvelles créations. Les enjeux sont importants, si on considère les montants engagés pour la construction d'un gymnase ou d'une piscine, même si les financements croisés (État, collectivités) en assurent une part.

Ainsi, lorsque se posent les questions de saturation des équipements existants, et de constructions neuves, il s'agit de disposer d'informations précises et fiables qui permettront d'orienter et de justifier les décisions prises. L'observatoire du fait sportif, élaboré pour le Département du Jura, a donc été mobilisé pour répondre à la question suivante : faut-il construire une nouvelle piscine dans l'agglomération doloise et si oui, pour quel type de publics ?

Figure 7.1 : Requête n° 1, la répartition des piscines à différentes échelles

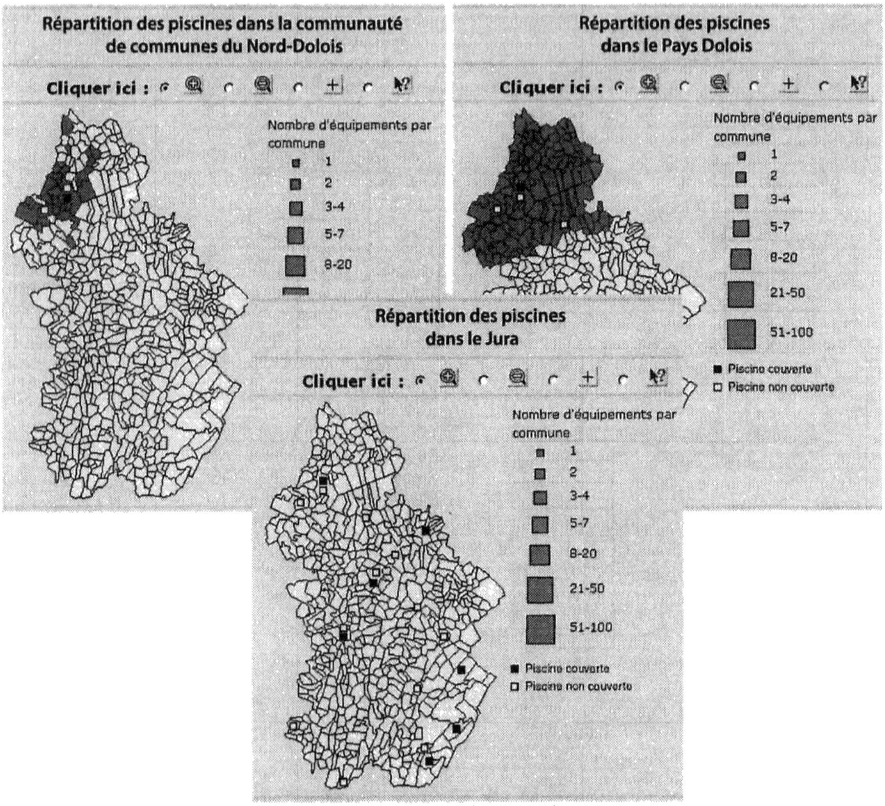

Source : Observatoire du fait sportif SPODJ.

Les hypothèses que nous formulons sont les suivantes :

- les équipements actuels sont saturés ;
- leur répartition ne permet pas de satisfaire la demande de la population de l'agglomération doloise ;
- les écoles ne bénéficient pas toutes d'un accès aux piscines existantes afin de réaliser les cycles de natation obligatoires ;
- l'aire de chalandise étendue des clubs peut justifier la création d'un nouvel équipement ;
- le potentiel de population à 30 minutes des équipements actuels peut justifier la création d'une nouvelle piscine.

L'ensemble de ces hypothèses peut être validé ou non par le biais de l'utilisation de SPODJ. En posant les requêtes adaptées, nous allons montrer la puissance de l'outil et la pertinence des réponses qui permettront de fonder les choix politiques sur des informations adaptées. Dix requêtes successives sont nécessaires afin de proposer les informations attendues. Ajoutons que si elles peuvent orienter les politiques des élus et des techniciens, elles ne permettront pas de localiser avec précision l'équipement souhaité, dans la mesure où les informations cadastrales et celles relatives à la disponibilité foncière ne sont pas intégrées dans l'observatoire.

Identifier les équipements existants et leurs caractéristiques

Il s'agit dans un premier temps de s'interroger sur les équipements existants et leurs caractéristiques, afin de comprendre de quelle manière s'organise l'offre.

Les piscines existantes dans la région doloise

La première requête consiste à sélectionner l'équipement piscine et à s'interroger sur sa répartition à différentes échelles dans le Département du Jura.

Rappelons que l'ensemble des équipements artificiels est intégré à l'observatoire après enquête de terrain[58]. En identifiant différentes mailles institutionnelles et/ou organisationnelles (Département, Pays, Communautés de Communes, Communes), on obtient une vision assez précise des espaces sur ou sous-équipés (Fig. 7.1). Nous tenons bien entendu compte des caractéristiques qui autoriseront une pratique annuelle ou saisonnière (piscine couverte et de plein air).

---

[58] Le Ministère des Sports organise actuellement un recensement des équipements sportifs en France. Largement décentralisée, l'enquête repose sur les Directions Départementales de la Jeunesse et des Sports (DDJS) qui doivent alimenter une base nationale.

Figure 7.2 : Requête n° 2, choix du type d'équipement analysé

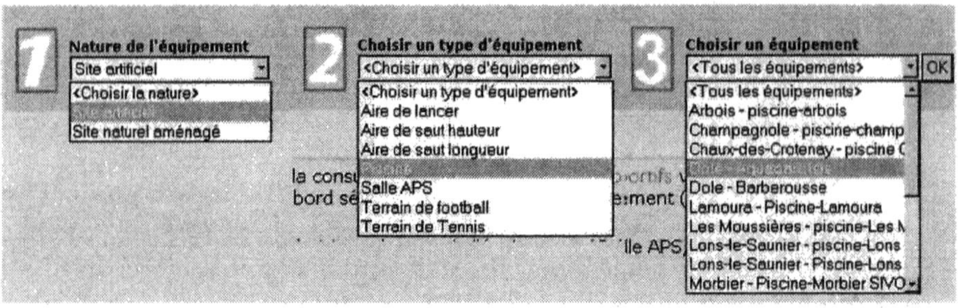

Figure 7.3 : Requête n° 3, Les caractéristiques des équipements existants

Détail sur les bassins

	Nom	Type	Forme	Longueur	Largeur	Profondeur	Plongeoir	Lignes d'eau
Planning	Barberousse-GrandBassin	couvert	rectangulaire	25	10	3.5	Non	6
Planning	Barberousse-PetitBassin	couvert	rectangulaire	10	5	1.1	Non	0

Détail sur les bassins

	Nom	Type	Forme	Longueur	Largeur	Profondeur	Plongeoir	Lignes d'eau
Planning	Leo Lagrange-GrandBassin	non couvert	rectangulaire	25	10	3.5	Non	6
Planning	Leo Lagrange-PetitBassin	non couvert	rectangulaire	10	8	1.1	Non	0

Détail sur les bassins

	Nom	Type	Forme	Longueur	Largeur	Profondeur	Plongeoir	Lignes d'eau
Planning	Aquaparc Isis-GrandBassin	non couvert	rectangulaire	50	21	1.8	Non	8
Planning	Aquaparc Isis-Loisir	non couvert	Haricot	20	15	1	Non	0

Figure 7.4 : Requête n° 4, les caractéristiques détaillées d'un équipement

Identification : **Barberousse**

Commune	Dole	Population communale	24949
Nom du site	**Barberousse**	Adresse du site	Place Barberousse
Superficie d'évolution	inconnu	Coût de réalisation	550000
Appartenance à un complexe	inconnu	Travaux réalisés	Réaménagement des locaux en 1996 (plafond, cloison, électricité, peinture)
Année de création	1968	Année de mise en service	1969
Propriétaire	Ville de Dole	Gestionnaire	Service financier
Accès aux pratiquants handicapés	**Oui**	Accès aux spectateurs handicapés	Oui
Date de dernier contrôle sécurité	26/06/1998	Degré d'homologation	Type X-L de la 2ème catégorie

Caractéristiques techniques

Chauffage	Oui	Eclairage artificiel	VRAI
Vestiaires	**inconnu**	Sanitaires	inconnu
Pommeaux de douches	inconnu	Nombre de places assises tribune	inconnu

Source : Observatoire du fait sportif SPODJ.

Le résultat montre qu'à l'échelle de la Communauté de Communes du Nord Dolois, l'offre d'équipement est satisfaisante (trois piscines), par contre à l'échelle du Pays la centralité des équipements apparaît, laissant se dessiner des marges sans équipement. À l'échelle du département enfin, les équipements dolois montrent qu'aucune concurrence n'apparaît dans un rayon d'une quarantaine de kilomètres (plus d'une demi-heure en terme d'accessibilité). Ces premières réponses doivent être complétées, et n'augurent pas de la densité de population, de la présence d'écoles et de l'éventuelle saturation des équipements existants.

La deuxième requête nous permet cette fois de nous concentrer sur les équipements existants à Dole (Fig. 7.2). Deux piscines sont présentes sur la commune de Dole, l'une couverte, l'autre de plein air. Le troisième équipement est situé en périphérie proche, nous l'incluons bien sûr dans notre analyse. Il s'agit de connaître leurs caractéristiques afin de mesurer leurs complémentarités.

Déterminer les capacités des équipements existants

L'offre est importante pour une ville de 30 000 habitants, cependant deux des trois équipements ne sont pas couverts, la pratique y est par conséquent limitée à trois mois dans l'année. En outre, le bassin le plus important mesure 50 m mais n'est pas couvert, ce qui nécessite un report de certaines pratiques de compétition vers Besançon située à une quarantaine de kilomètres. Le seul bassin couvert ne permet la mise à disposition que de six lignes d'eau (Fig. 7.3). Il s'agit maintenant de connaître avec plus de précision les caractéristiques de chaque équipement.

Déterminer les caractéristiques des équipements existants

Nous ne présentons dans cet exemple qu'un équipement, mais la quatrième requête porte théoriquement sur les trois piscines étudiées (Fig. 7.4).

Dans le cas de la piscine Barberousse de Dole, celle-ci apparaît ancienne, mais sa réhabilitation récente (1996) a été relativement importante. Un accès handicapé est mentionné aussi bien pour les pratiquants que pour les spectateurs lors d'éventuelles compétitions. Le degré d'homologation est important puisque le déroulement de certaines compétitions en dépend ; dans le cas présent la pratique y est limitée. En outre, les caractéristiques techniques offrent des informations concernant le chauffage, l'intensité électrique, la présence de sanitaires et de places assises en tribune. Encore une fois, ces informations conditionnent l'accueil de manifestations sportives.

Figure 7.5 : Requête n° 6, les clubs utilisateurs de l'équipement

Les associations utilisant l'équipement : Barberousse

	Numéro Fédéral	Nom	Commune
Fiche	3901	CANOE KAYAK DOLOIS	Dole
Fiche	CNDR	CERCLE DES NAGEURS DE DOLE ET DE SA REGION (C.N.D.R.)	Dole
Fiche	DTA	DOLE TRIATHLON AQUAVELOPODE	Dole
Fiche	CDRS	CLUB DOLOIS DE LA RETRAITE SPORTIVE	Dole
Fiche	DS	DOLE SUBAQUATIQUE	Dole

Les associations utilisant l'équipement : Aquaparc Isis

	Numéro Fédéral	Nom	Commune
Fiche	CNDR	CERCLE DES NAGEURS DE DOLE ET DE SA REGION (C.N.D.R.)	Dole
Fiche	DTA	DOLE TRIATHLON AQUAVELOPODE	Dole

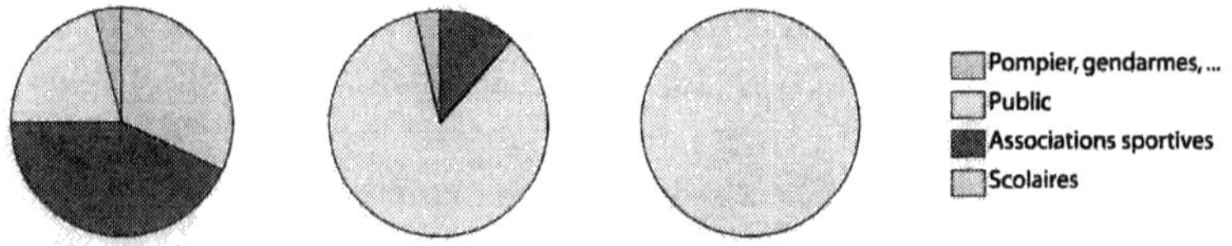

Piscine BARBEROUSSE — Aquaparc ISIS — Piscine Léo LAGRANGE

Source : Observatoire du fait sportif SPODJ.

Déterminer l'utilisation des équipements existants

La cinquième requête nous permet d'obtenir une vision globale du planning d'occupation de la piscine Barberousse. Il s'agit donc d'apprécier si l'équipement est saturé, et de manière plus précise, comment se répartissent les différentes catégories d'utilisateurs :

- le grand public (59 %) ;
- les scolaires (25 %) ;
- les associations sportives (16 %).

La totalité des plages horaires est utilisée, et la fréquentation est de surcroît importante sur certains créneaux (Fig. 7.5).

Il apparaît surtout que les associations sportives ne bénéficient pas d'assez de créneaux et qu'en outre, à certaines heures le nombre de lignes d'eau ne permet pas une pratique correcte compte tenu des différentes associations présentes. Par ailleurs, il n'est pas possible de satisfaire la totalité des demandes scolaires, alors que la pratique est obligatoire en cycle primaire.

Identifier les pratiques dans les équipements étudiés

Les informations relatives à l'offre structurelle doivent être complétées par une vision dynamique de leur utilisation, et des caractéristiques des utilisateurs.

Les clubs utilisateurs de la piscine Barberousse

La sixième requête est destinée à affiner l'analyse des utilisateurs. Nous choisissons de montrer comment il est possible de connaître le nombre de clubs utilisateurs (Fig. 7.6). Cinq associations sportives utilisent la piscine Barberousse, représentant trois pratiques distinctes : le canoë-kayak (pratique de l'esquimautage), la nage et la plongée. L'absence de plongeoir restreint bien entendu les pratiques que l'on peut y associer.

Si on dresse le bilan de la fréquentation des trois piscines, on remarque le poids des associations sportives dans l'utilisation de la piscine Barberousse, alors que la piscine Léo Lagrange n'accueille que des pratiques scolaires. Il est à noter que tous les clubs utilisateurs sont domiciliés à Dole, nous verrons dans une requête ultérieure que leur aire de chalandise peut être étendue.

Figure 7.7 : Requête n° 6, les caractéristiques d'un club utilisateur

Identification : CERCLE DES NAGEURS DE DOLE ET DE SA REGION (C.N.D.R.)

Fédération de rattachement	Fédération Française de Natation	Plus haut niveau de compétition	inconnu
Numéro d'affiliation à la fédération	**CNDR**	Commune de l'association	Dole
Année d'affiliation	1971	Adresse du siège social	21 PLACE BARBEROUSSE 39100 DOLE
Numéro d'agrément Jeunesse et Sport	19S16582	Contact téléphonique	0384923444

Licenciés

Quelques indicateurs	**2001/2002**	**2000/2001**
Nombre total de licenciés	495	0
Nombre de filles	320 (65%)	inconnu
Nombre de garçons	175 (35%)	inconnu
Age moyen des licenciés	23an(s)	inconnu

Localisation des licenciés

Nombre dans la commune	Nombre hors de la commune
182	313

Figure 7.8 : Requête n° 7, l'aire de chalandise du Cercle des Nageurs de Dole

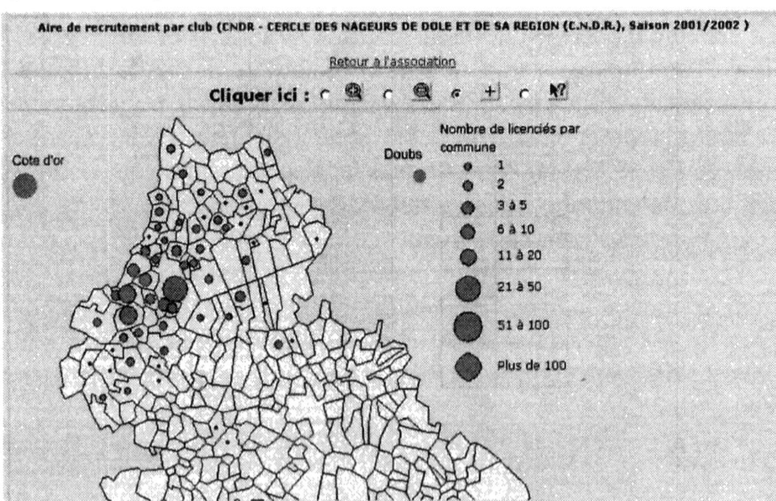

Source : Observatoire du fait sportif SPODJ.

Les caractéristiques d'un club utilisateur de la piscine Barberousse

Prenons l'exemple d'un club utilisateur : le Cercle des nageurs de Dole et de sa région. L'analyse de ses caractéristiques va permettre de mieux appréhender la demande potentielle.

Outre les renseignements généraux (Fig. 7.6), il apparaît que l'âge moyen est bas (23 ans), avec une majorité de filles (65 %) et un écart important de l'âge moyen entre hommes (18 ans) et femmes (26 ans). La structure par âge laisse entrevoir des effectifs importants de 6 à 15 ans, qui nécessitent souvent un accompagnement motorisé des parents si les enfants n'habitent pas la ville-centre. Le nombre total de licenciés est important (495 personnes), il est en progression ainsi que sa féminisation. Il est également important de noter que 63 % des licenciés sont domiciliés hors de la commune de pratique qui est pourtant Dole. Cette tendance est en progression, notamment en relation avec la péri-urbanisation.

L'aire de chalandise du Cercle des Nageurs de Dole

L'aire de chalandise qui apparaît est relativement vaste et montre par ailleurs une extension jusqu'en Côte-d'Or (Fig. 7.7). L'importance de l'aire de recrutement du cercle des Nageurs de Dole tient en partie au niveau de la pratique et au nombre d'équipes engagées dans des championnats. Sans être un club d'élite, ce club est recherché pour son assez bon niveau en compétition. C'est vers l'ouest que se localisent une partie importante des adhérents extérieurs à la commune de Dole, tandis qu'à l'est la concurrence de Besançon est assez rapidement perceptible. Les faibles effectifs au sud ne s'expliquent pas par un simple effet de concurrence.

Identifier les potentiels de pratique

La répartition des écoles primaires dans la région doloise

Les dernières requêtes sont orientées vers une évaluation du potentiel de développement de la fréquentation et/ou de la pratique. La neuvième requête porte ainsi sur la localisation des écoles primaires n'accédant pas à la piscine Barberousse (Fig. 7.8). Ce sont ainsi 76 écoles primaires qui ne fréquentent pas la piscine de Dole, ni aucune autre d'ailleurs, elles représentent 75 % des écoles du Pays Dolois. La quasi-totalité de ces écoles se situent à moins de 30 minutes de la piscine Barberousse, l'accessibilité n'est donc pas en cause. Par contre, comme cela a déjà été montré, la saturation de l'équipement actuel peut expliquer le nombre important d'enfants qui n'ont pas accès au cycle de natation pourtant obligatoire en école primaire. Une enquête de terrain plus approfondie pourrait être menée. Le potentiel d'utilisateurs en relation avec la pratique scolaire est donc important.

Figure 7.8 : Requête n° 9, la répartition des écoles primaires dans la Pays Dolois

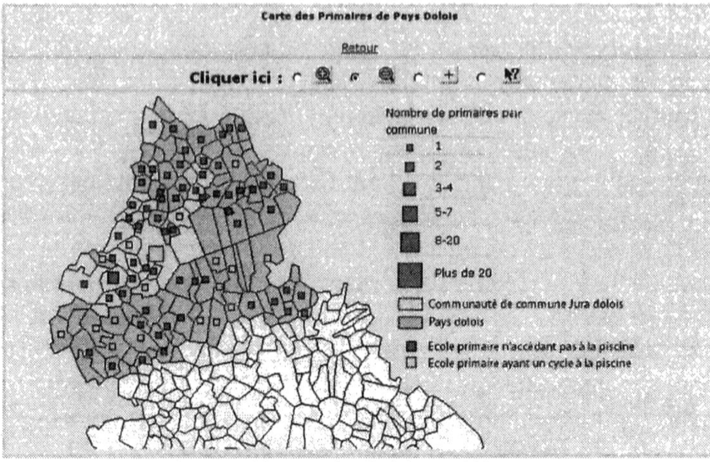

Source : Observatoire du fait sportif SPODJ.

Figure 7.10 : Requête n° 10, répartition de la clientèle potentielle à 10, 20 et 30 mn

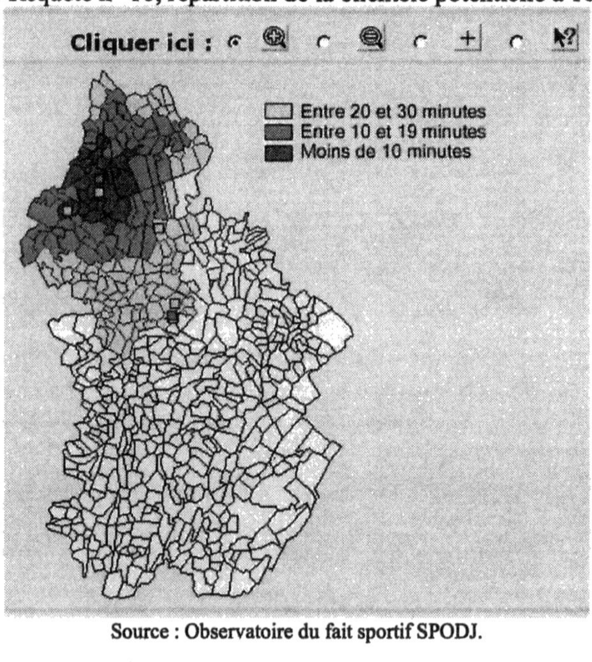

Source : Observatoire du fait sportif SPODJ.

La clientèle potentielle dans la région doloise

La dernière requête porte sur la population présente à 10, 20 et 30 minutes de la piscine Barberousse (Fig. 7.9). Ce sont 23 communes qui sont situées à moins de 10 minutes de Dole, pour une population totale de plus de 42 000 habitants, portée à plus de 90 000 habitants si on étend l'aire de chalandise à une accessibilité de 30 minutes. Le bassin de population est donc important, et l'offre actuelle apparaît assez limitée.

La série de requêtes que nous venons de proposer afin de répondre à la problématique d'implantation d'un nouvel équipement à Dole ou dans sa périphérie, montre combien les informations à mobiliser sont nombreuses. Elles relèvent aussi bien des caractéristiques des équipements que de leur utilisation et des caractéristiques des utilisateurs. À ces trois points d'entrée dans la réflexion s'ajoute la nécessité de proposer quelques informations relatives aux utilisateurs potentiels. Au final, nous avons mobilisé quatre types d'informations, détenues par au moins trois partenaires différents. Leur mise en œuvre a été extrêmement rapide puisqu'en une dizaine de requêtes nous disposons des informations nécessaires à accompagner les décideurs dans leurs choix. Il reste cependant à affiner encore l'analyse, notamment en s'interrogeant sur les concurrences possibles des équipements situés dans les agglomérations voisines (Besançon ou encore Lons-le-Saunier au sud). En outre, il est possible de suivre l'évolution des effectifs des clubs étudiés afin de mesurer leur dynamisme.

Chapitre 8

RETOUR SUR EXPÉRIENCE :

UNE RÉPONSE GLOBALE POUR OBSERVER LES TERRITOIRES

Des acteurs et des données : territoire et espace géographique

Les acteurs se situent au cœur du fonctionnement des territoires. Il apparaît aujourd'hui clairement que les outils d'observation doivent être capables de représenter la complexité des territoires. Il est indispensable de s'interroger sur les données à prendre en compte dans un observatoire, sur les indicateurs qui peuvent être élaborés, sur les requêtes qui peuvent être mises en place, mais il est également fondamental de s'interroger sur la manière d'impliquer les acteurs dans son fonctionnement. L'expérience présentée montre que le développement technique compte moins que la mise en place du cadre au sein duquel va être mis en place l'outil d'observation. Sans étude de faisabilité correcte, nous entendons par là le recensement de tous les acteurs ayant un lien avec une thématique, l'identification de leurs attentes, des données dont ils disposent, de celles qu'ils souhaiteraient utiliser, et enfin des indicateurs attendus, il ne peut y avoir de mutualisation des compétences autour de l'outil d'observation. Bien des observatoires ne sont que des coquilles vides parce que les acteurs n'ont pas su ou voulu partager l'information ; d'autres au contraire sont renseignés, mais la profusion d'informations sans liens ne permet pas l'observation ; d'autres encore correctement élaborés s'arrêtent de fonctionner parce que les acteurs ne se soucient pas de son actualisation. Cette constatation, qui vise à assujettir la technique aux attentes des acteurs de terrain, est importante et pose le problème de la formalisation de celles-ci. En effet, les décideurs ne maîtrisent souvent que très partiellement le fonctionnement les systèmes territoriaux au sein desquels ils interviennent, ils peinent donc à formaliser leurs attentes et c'est à ce stade que les connaissances des géographes s'avèrent précieuses.

Nous l'avons déjà évoqué, des acteurs en tension autour d'un outil d'observation traduisent les tensions qui émergent au sein du système territorial. L'observatoire est alors conçu comme un outil d'aide à la décision, fondé sur la représentation de l'espace géographique, à différentes échelles, à différentes dates avec en outre la possibilité dans certains cas de représenter l'impact de politiques ou de décisions des acteurs. À ce titre, le partage de données et la transparence induite par son fonctionnement peuvent conduire à des conflits, en représentant un territoire en tension, il est possible que certaines d'entre elles soient exacerbées. Est-il toujours bienvenu de rendre public des évaluations de politiques qui s'avèrent négatives ? C'est le partage de l'information issue de l'observatoire qui est alors en question, et l'ouverture de ce dernier qui peut en pâtir.

Pour conclure, les observatoires tels que nous les concevons, constituent des modèles, en ce sens qu'ils sont une représentation d'une réalité que souhaitent aborder des acteurs réunis autour de l'outil mis en place. Ils ne représentent pas le système dans toute sa complexité, cela n'aurait pas d'utilité, par contre ils sont fondés sur des objectifs très précis qui garantissent leur opérationnalité.

Observer pour une meilleure gouvernance

Il est intéressant de revenir sur une notion porteuse de sens, celle de gouvernance. De nouveaux territoires apparaissent en France, pour de multiples raisons déjà évoquées. Il en est alors une qui prime, la mondialisation : en élargissant l'espace commercial et économique, on constate un rétrécissement de l'espace consacré aux rapports sociaux. À une échelle supra-nationale le sentiment d'exclusion de la prise de décision prévaut, les citoyens se sentent dépossédés de certains choix et se focalisent sur le niveau micro territorial, autour des décideurs identifiés. Or, leur nombre est important à l'échelle des territoires locaux et les mutations complexes qui apparaissent, conjuguées avec la reconfiguration et la complexification des échelons d'intervention territoriaux incitent à proposer des pistes de réflexion autour du management des territoires. Il se trouve que les propositions organisationnelles et fonctionnelles que nous avançons permettent d'avancer dans cette direction autour de trois points proposés par Joseph Carles[59] :

- il est nécessaire de développer une convention de sens autour des objectifs partagés par les acteurs d'un territoire. En d'autres termes il faut aller dans le même sens autour de la question des finalités des

[59] CARLES (J.), 2003, « La gouvernance une autre façon de concevoir et de mettre en œuvre les politiques publiques territoriales », *6ème forum Sports et Collectivités Territoriales*, 21-23 janvier 2003, Grenoble.

outils d'observation partagés par les acteurs. Nous posons cette même question dans le cadre des phases préliminaires de mise en place d'un observatoire ; et l'outil doit permettre logiquement de guider nos partenaires vers un objectif partagé, autour d'une thématique précise ;

– il s'agit également de songer, lorsque la convention de sens est admise, à mettre en place une convention de partage. Celle-ci apparaît comme la règle admise par tous les acteurs quant au portage des différentes actions. En d'autres termes qui agit dans quel cadre territorial ? Nous avons insisté sur la notion de partage qu'autorise l'utilisation de l'internet, et nous plaçons cette problématique au cœur du fonctionnement de nos observatoires. En partageant des objectifs à atteindre, autour de la production de connaissances, les acteurs s'imposent une cohérence dans leurs choix de politiques, que peut soutenir efficacement le partage des connaissances ;

– il est enfin indispensable que toutes les actions politiques territorialisées s'inscrivent dans la transparence. Encore une fois, un outil d'observation partagé peut garantir cette transparence puisque son alimentation et son exploitation sont partagées, rendant très lisible la portée des politiques des uns et des autres. Ainsi, ce que nous relevions précédemment comme pouvant être source de tension, peut également concourir à évaluer la performance globale des actions conjointes, créant ainsi une norme d'efficience partagée de tous.

Des outils d'observation partagés, dans une perspective opérationnelle autour d'une appréhension globale des territoires, tels sont les enjeux actuels qui devraient guider le développement local. En ce sens l'intelligence territoriale prend tout son sens au travers du processus cognitif que les communautés réalisent pour garantir leur développement. Mieux se connaître mutuellement, apprécier les engagements de chacun et en mesurer les retombées en toute transparence peut permettre de répondre aux attentes des citoyens pour un développement plus cohérent, mieux compris et donc plus efficace.

La plus-value de la combinaison des informations : un frein à l'exploitation

Cependant, la complexité restituée par un observatoire conçu tel que nous l'avons décrit, peut poser des problèmes pour les utilisateurs. Ceci peut paraître paradoxal, cependant cette difficulté est inhérente à la manière de procéder lorsque nous concevons ce type d'observatoire. En associant les acteurs à l'élaboration de l'outil, en procédant par approche systémique (en établissant les frontières du système représenté, en identifiant les éléments et les relations entre ces éléments), nous adoptons une démarche holiste, c'est-à-dire globale. Ceci conduit évidemment à prendre en compte des informations liées entre elles et décrivant globalement une réalité. La prise en compte de ces relations induit donc la production d'informations plus riches que les informations originelles. Les résultats se caractérisent alors par des indicateurs nombreux, auxquels s'ajoutent la prise en compte du temps et la possibilité de naviguer entre différents niveaux d'échelles. Ceci traduit notre volonté de fournir des outils qui ne mutilent pas la diversité originelle du système représenté.

La navigation entre niveaux d'échelles est particulièrement intéressante puisqu'elle permet de produire des informations en relation avec les problématiques associées à chacune d'entre elles. À chaque échelle ses questionnements spécifiques, ses acteurs de référence, mais aussi ses relations avec les autres niveaux d'échelles. Par exemple, l'échelle départementale intéresse particulièrement les trois commanditaires de l'observatoire, selon leurs prérogatives respectives. À l'échelle des intercommunalités et des Pays, de nouveaux acteurs apparaissent, mais les questionnements demeurent proches (sur ou sous-équipement, intensité des pratiques, localisation des clubs, des manifestations, etc.). À l'échelle communale, cette fois, ainsi qu'à celle des équipements, les Offices Municipaux des Sports sont les interlocuteurs, renforcés par les responsables des clubs. Ici les questions de planning, d'aire de chalandise des équipements, de rénovation, sont abordées.

Cependant, des problématiques globales (sur ou sous-équipement) peuvent trouver une première réponse (il faut construire trois piscines dans le Jura) à une échelle, mais nécessitent d'en changer afin d'être définitivement résolues. La localisation des créations de piscines nécessite en effet une analyse plus fine en termes de localisation des pratiques, des pratiquants, mais également de la population potentiellement utilisatrice, et enfin en fonction des équipements existants. Ces changements d'échelles induisent des questionnements, mais il n'existe pas de réponse liée à l'une ou à l'autre, mais un ensemble de réponses qui forment une information à la fois globale (il est nécessaire de construire des piscines) et excessivement précise (plannings saturés). Permettre de naviguer entre les échelles c'est faire voler en éclat des limites qui n'ont pas lieu d'exister lors de l'analyse. La prise de décision finale qui implique les acteurs, replace automatiquement, par leur truchement, les mailles institutionnelles et décisionnelles.

On comprend donc, qu'en restituant autant d'informations, des utilisateurs peu aguerris aux techniques géographiques soient dépassés par l'outil. Ce problème constitue cependant la preuve que les objectifs sont atteints dans la représentation de la complexité. Plutôt que de faire marche arrière et de « simplifier » la restitution d'informations, il est préférable que l'exploitation de ces observatoires soit confiée à des personnes formées dans ce sens.

CONCLUSION DE LA TROISIÈME PARTIE

L'outil d'observation tel que nous l'avons proposé, a pour objectif de fournir une représentation de la complexité territoriale que doivent affronter les décideurs. En ce sens l'outil au-delà de la technique, accorde une grande importance aux acteurs considérés comme un ensemble organisé globalement, conformément aux principes qui guident l'approche de la complexité. Nous nous rapprochons ainsi de la définition que donne Yvan Bédard (Bédard, 1982) des Systèmes d'Information à Référence Spatiale (SIRS) : « un ensemble organisé globalement, comprenant des éléments (données, équipements, procédures) qui se coordonnent à partir d'une référence spatiale commune, pour concourir à un résultat », nous ajouterons « en fonction des acteurs susceptibles d'exploiter et de gérer l'outil ». Ceci permet de replacer le rôle des acteurs au centre de la conception de l'outil, puis de son exploitation, tout comme l'acteur est au centre de la dynamique des territoires. Comme nous avons pu l'observer dans le cadre départemental de notre application, replacé dans un contexte d'acteurs plus global, ce type d'approche est efficient et permet entre autre comme le propose Henri Pornon (Pornon, 1998) :

- d'articuler et donc d'intégrer les visions différenciées qu'ont les acteurs du territoire ;
- de résoudre les conflits en ouvrant des espaces de négociation ;
- de faire circuler à grande vitesse une information partagée, comprise par tous.

Il en découle, une aide à la décision adaptée, partagée, c'est-à-dire fondée sur des référentiels communs, et permanente. Cependant, en représentant la complexité de manière très concrète, ce type d'outil restitue une information complexe, fondée sur des évolutions, des résultats à plusieurs niveaux d'échelles, des informations issues de l'exploitation du lien entre plusieurs données. Il s'agit donc de comprendre que l'outil ne résout pas la complexité qu'il appréhende, il la restitue de manière organisée autour d'un objectif commun à ses utilisateurs. L'approche systémique permet de ne retenir qu'une partie de la réalité, grâce aux frontières déterminées en fonction de la problématique posée. Il s'agit donc, comme nous l'avons montré au travers d'un exemple portant sur la création d'un équipement, d'organiser une démarche d'analyse, reposant sur une problématique claire, des hypothèses de travail. L'observatoire permet alors de valider ou d'invalider les hypothèses grâce aux différentes requêtes qui lui sont adressées. La démarche d'analyse demeure alors fondée sur une approche scientifique solide, l'outil d'observation permettant de fournir des réponses rapides, précises sur la base d'informations partagées.

CONCLUSION GÉNÉRALE

Conclusion générale

En engageant cette réflexion sur les territoires, en redéfinissant le concept, nous n'imaginions pas une telle efficience dans la démarche. Ce que nous avions avancé et construit pas à pas dans des réflexions qui pouvaient paraître éloignées les unes des autres tant d'un point de vue spatial que thématique, s'est révélé très complémentaire. Nous avons nourri nos réflexions des attentes :

- des étudiants face auxquels nous utilisions le concept de territoire pour justifier de l'utilisation des modèles graphiques, pour présenter des outils d'observation ou encore proposer une lecture intelligible de la terre aménagée par l'homme ;
- des chercheurs dont certaines définitions ne permettaient pas une lecture claire des territoires sur lesquels nous travaillons ;
- des acteurs de terrain qui nous exposent régulièrement leurs besoins et auxquels nous tentons de fournir des outils adaptés.

La méthode utilisée pour répondre à ces attentes est demeurée la même, sous-jacente à l'ensemble des travaux, tant à destination de l'enseignement que de la recherche ou des applications : le paradigme systémique demeurant en filigrane de toutes ces réflexions. Le concept de territoire s'est ainsi trouvé au centre de l'ensemble des questionnements, et en fournissant une définition simple du concept, nous avons conforté la prise en compte des acteurs, tout en lui conservant son fondement essentiel : l'organisation de l'espace géographique.

En replaçant les acteurs au cœur des territoires, considérés alors comme des systèmes, avec ce que cela implique de complexité et d'incertitudes, nous avons ouvert une boîte noire et de ce fait mis au jour de nouveaux questionnements :

En liant ces trois outils, on parvient à représenter à la fois les informations issues du jeu des acteurs (informations relatives aux différents documents de programmation de prescription, etc.) et le résultat de leurs actions (organisation de l'espace géographique). On comprend que cet ensemble d'outils peut se révéler très performant (Fig. conclusion) à la fois pour évaluer la mise en œuvre des politiques (on exploite alors la totalité du système : méta-système d'informations territorialisées, SGBD et SIG), proposer des diagnostics (on exploite alors le SGBD couplé au SIG) ou encore des simulations (on exploite le SIG).

Parallèlement, nous entrevoyons les multiples applications potentielles dans le cadre :

- des territoires de projet qui se multiplient et nécessitent à la fois de prendre en compte l'organisation spatiale du territoire, mais surtout les différentes forces qui l'animent, et font finalement tension autour des documents collectivement élaborés pour la gestion territoriale ;
- des espaces transfrontaliers, territoires en construction où l'absence d'outils de concertation et d'observation pèse à la fois sur la connaissance du fonctionnement de ces territoires mais surtout sur la mise en synergie des acteurs. Ceci a pour conséquence de ralentir la mise en œuvre des coopérations politiques, économiques, et surtout en matière d'aménagement du territoire par manque de référentiels communs. C'est à cette condition que pourraient émerger de véritables territoires transfrontaliers.

Le champ de recherche est vaste, osons espérer que ces réflexions puissent soutenir de nouvelles démarches, de nouvelles applications, porteuses de nouvelles connaissances.

Bibliographie

ATLAN (H.), 1979, *Entre le cristal et la fumée*, Ed. Seuil, Paris, 287 p.

AUGUSTIN (J.-P.), GARRIGOU (A.), *1985, Le rugby démêlé. Essai sur les associations sportives, le pouvoir et les notables*, Ed. Le Mascaret, Bordeaux.

AUGUSTIN (J.-P.), 1995, *Sport, géographie et aménagement*, Coll. Fac. Géographie, Ed. Nathan, Paris, 254 p.

AUGUSTIN (J.-P.), 2000, « Activités ludo-sportives et médiations territoriales », in *Montagnes Méditerranéennes* n° 11, TEO-CERMOSEM, Université Joseph Fourier, Le Pradel, Mirabel, pp. 29-32.

AUGUSTIN (J.-P.), BONNENFANT (R.), 2001, « Cultures sportives, territoires et prospectives », in *Revue d'Etude Prospective*, n° 4, DATAR, La Documentation Française, Paris.

AUGUSTIN (J.-P.), 2002, « Pratiques sportives et territoires : atout des régions », in *Sud-Ouest européen*, revue géographique des Pyrénées du Sud-Ouest n° 13, pp. 3-10.

AURIAC (F.), DURAND-DASTES (F.), 1981, "Reflections on some recent developments in systems analysis in Franch Geography", in *European Progress in Spatial Analysis*, Ed. Pion, pp. 83-90.

AURIAC (F.), 1984, *Système économique et espace*, Paris, Ed. Economica, pp. 196-200.

BADIE (B.), 1995, *La fin des territoires. Essai sur le désordre international et sur l'utilité sociale du respect*, Ed. Fayard Paris, 276 p.

BAILLY (A.) et al, 2001, *Les concepts de la géographie humaine*, Ed. Colin, Paris, 247 p.

BAK (P.), 1999, *Quand la nature s'organise : avalanches, tremblements de terre et autres cataclysmes*, Ed. Flammarion, Paris, 283 p.

BAREL (Y.), 1977, « L'idée de système dans les sciences sociales », *Esprit*, n° 1, pp. 69-82.

BARTHOLI (J.-R.), 2001, « Le défi de la recomposition des territoires pour le mouvement sportif », in *Le sport acteur incontournable de l'aménagement du territoire*, Comité National Olympique et Sportif Français, 20 juin 2002, Maison du Sport Français, Paris.

BAUDELLE (G.), LE DELEZIR (R.), 1999, « Les enseignements de la construction des Pays en Bretagne », in *Norois, Pays et développement local, logique et ambiguïté d'une politique des territoires*, Université de Poitiers, pp. 203-217.

BAVOUX (J.-J.), 2002, « Pays et polysémie géographique du territoire », *in « Pays» et territoires*, sous la direction de BLETON-RUGET (A.), BODINEAU (P.), SYLVESTRE (J.-P.), Institut d'histoire contemporaine, Université de Bourgogne, PP. 37-47.

BAYEUX (P.), 1999, *Le sport et les collectivités territoriales*, 2ème édition, Coll. Que sais-je ?, PUF, Paris, 127 p.

BAYEUX (P.), VIGNEAU (F.), 2001, « Quels outils d'observation des territoires sportifs ? », Société française de l'évaluation, *L'évaluation des politiques à l'épreuve des territoires*, 14-15 juin 2001, Paris

BENKIRANE (R.), 2002, *La complexité, vertiges et promesses*, Ed. Le Pommier, Paris, 419 p.

BERDOULAY (V), ENTRIKIN (J.-N.), 1988, « Lieu et sujets. Perspectives théoriques », in *L'Espace Géographique*, n° 2, pp. 111-121.

BERTHET (T.), 1999, « Doit-on parler de politiques locales de l'ethnicité ? », in BALME (R.), FAURE (A.), MABILEAU (A.), Dir., *Les nouvelles politiques locales. Dynamiques de l'action publique*, actes du colloque, Lyon, 25 et 26 septembre 1997, Association française de science politique, CERIEP de l'Institut d'études politiques de Lyon, CERAT de l'Institut d'études politiques de Grenoble, Presses de Sciences Po, 486 p.

BEYER (A.), 1999, « Morphologie et dynamique des territoires en réseaux », in *Annales de Géographie* n° 608, Ed. Armand Colin, pp 358-378.

BIAREZ (S.), 1996, « Pouvoirs et organisations locales : vers un nouveau paradigme politique », in *Sciences de la société*, n° 38, Presses Universitaires du Mirail.

BOBILLIER-CHAUMONT (G.-Y.), 1998, « De la fin des distances aux nouvelles frontières de la globalisation : un syndrome maquiladoras dans le Jura franco-suisse », in *Revue Géographique de l'Est*, t. 38, n° 3, pp. 127-136.

BOURDEAU (P.) ; MAO (P.), 2002, « Nouvelles pratiques sportives de nature, nouveaux espaces...nouveaux territoires ? Une problématique géoculturelle de l'accès aux espaces naturels », in *L'accès du public aux espaces naturels et fonciers ; outils d'analyse et méthodes de gestion*, Ed. Hermès Lavoisier.

BRUNET (R.), 2001, « Le déchiffrement du monde », *Mappemonde*, Paris, Ed. Belin, pp. 21.

BRUNET (R.), 1980, « La composition des modèles dans l'analyse spatiale », in *L'espace Géographique*, n° 4, tome IX, pp. 253-265.

BRUNET (R.), 1990, *Le territoire dans les turbulences*, Géographiques, Reclus, 223 p.

BRUNET (R.), FERRAS (R.), THERY (H.), 1992, *Les mots de la géographie*, Reclus, La Documentation Française, 518 p.

BRUNET (R.), 1997, *Champs et contrechamps : raisons de géographe*, Coll. Mappemonde, Ed. Belin, Paris, 319 p.

BUSSI (M.), BADARIOTTI (D.), 2004, *Pour une nouvelle géographie du politique, territoire, démocratie, élections*, Coll. Anthropos, Ed. Economica, 301 p.

CALLON (M.), LATOUR (B.), 1990, *La science telle qu'elle se fait*, Paris, Ed. La Découverte, pp. 7-36.

CASCALÈS (M.), 1996, « La LOADT : première année de mise en œuvre », in *La décentralisation en France*, Paris, Ed. La Découverte, pp. 187-201.

CHAZAUD (P.), 1989, *Le sport dans la commune, le département et la région*, Ed. Berger-Levrault, Paris, 241 p.

CHARRIER (D.), BOYER (L.), 1995, *« Un modèle d'aide à la décision pour les organisations sportives »*, chapitre 36 in *Sport et management : de l'éthique à la pratique*, LORET (A.), Dir., Ed. Revue EPS, Paris, 632 p.

CHARRIER (D.), 1997, *Financement du sport par les collectivités locales, données 1993-1994*, Rapport pour le ministère de la Jeunesse et des Sports, pp. 10-11.

CHARRIER (D.), JOURDAN (J.), 1999, « La conception et mise en œuvre d'un observatoire départemental du sport » in *Le management du sport*, ouvrage coordonné par LACROIX (G.), WASER (A.-M.) Ed. D'Organisation, 431 p.

CHABOCHE (J.), 2002, *Intercommunalité, sport et développement territorial : organisation des sociétés locales et dynamiques spatiales*, pp. 99-135, Thèse de Doctorat en Géographie, Université d'Orléans, 292 p.

CHEYLAN (J.-P.), DEFFONTAINES (J.-P.), LARDON (S.), THERY (H.), 1990, « Les chorèmes : un outil pour l'étude de l'activité agricole d'un espace rural », in *Mappemonde*, n° 4, pp. 2-4.

CIATTONI (A.), VEYRET (Y.), 2003, *Les fondamentaux de la géographie*, pp. 10-11, Coll. Armand Colin, Paris, 219 p.

COFFEY (W.), 1981, *Geography: towards a general spatial systems approach*, Methuen, Londres.

CROZIER (M.), FRIEDBERG (E.), 1977, *L'acteur et le système*, Paris, Ed. Le Seuil, 437 p.

CUNHA (A.), 1988, « Systèmes et territoire : valeurs, concepts et indicateurs pour un autre développement », in *L'Espace Géographique*, n° 3, Paris, pp. 181-198.

DAMIEN (B.), SIMON (H.), 2004, « De la mise en place d'une CDESI à l'élaboration d'un PDESI : Exemples de l'Ardèche et de la Drôme », 6ème Forum Sports et Collectivités Territoriales, 21-23 janvier 2004, Grenoble. http//www.infosport.org

D'AQUINO (P.), 2002, « Le territoire entre espace et pouvoir : pour une planification territoriale ascendante », in *L'Espace Géographique*, n° 1-2002, pp. 3-23.

DAUPHINE (A.), 1979, *Espace, région et système*, Ed. Economica, Paris, 167 p.

DAUPHINE (A.), 2003, *Les théories de la complexité chez les géographes*, Coll. Anthropos, Ed. Economica, pp. 41-52.

DAVEAU (S.), 1959, *Les régions frontalières de la montagne jurassienne : Etude de géographie humaine*, Faculté des Lettres et Sciences Humaines, Paris, Trévoux, impr. J. Patissier, 571 p.

DAVIOT (J.-M.), GILLON (P.), 1995, « Les liens commerciaux avec la Suisse », *Images de Franche-Comté* n° 12, Université de Franche-Comté, Besançon, pp. 2-5.

DEBARBIEUX (B.), 1995, « Le lieu, le territoire et trois figures de rhétorique », in *L'Espace Géographique*, n° 2, pp. 97-112.

DEBARBIEUX (B.), 1995, *Recherches sur les significations et les connaissances de l'espace géographique*, Habilitation à Diriger les Recherches, Université Joseph Fourier, Grenoble, pp. 31-32.

DEBARBIEUX (B.), 1999, « L'exploration des mondes intérieurs », *in Géographie, état des lieux*, sous la direction de R. KNAFOU, Ed. Belin, Paris.

DELVAUX (M.), NYS (C.), 2002, *Géographie : lire le monde*, Editions De Boeck, 296 p.

DE SÈDE (M.-H.), MOINE (A.), 2001 : « Systémique et bases de données territoriales : des concepts et des outils pour une gestion raisonnée des territoires », in *Revue Internationale de Géomatique*, vol. 11, n° 3-4/2001, Éditions Hermès, numéro spécial « SIG et aménagement », pp. 333-358.

DE SÈDE (M.-H.), THERIAULT (M.), 1996, « La représentation systémique du territoire : un concept structurant pour les SIRS institutionnels », in *Revue Internationale de Géomatique*, vol. 6, n° 1/1996, Paris, Ed. Hermès, pp. 27-50.

DE SÈDE (M.-H.), 2002, *Géographie, territoires et instrumentation : état des lieux, réflexions épistémologiques et perspectives de recherche*, Habilitation à Diriger des Recherches, Besançon, Université de Franche-Comté, pp. 38-40.

DI MEO (G.), 1996, *Les territoires du quotidien*, sous la dir., Coll. Géographie sociale, Ed. L'Harmattan, Paris, 207 p.

DI MEO (G.), 1998, *Géographie sociale et territoire*, Coll. Fac, Nathan, pp. 42-43.

DI MEO (G.), 1998, « De l'espace aux territoires », in *L'information Géographique*, n° 3, Ed. SEDES, pp. 99-110.

DONNADIEU (G.), KARSKI (M.), 2002, *La systémique, penser et agir dans la complexité*, Coll. Entreprises & Carrières, Ed. Liaisons, Rueil-Malmaison, 269 p.

DUMAS (J.), 1987, « Institution sportive et jeu du pouvoir », in *Sport et changement social*, actes des 1ères journées d'études, 3 et 4 avril 1987, Bordeaux, Maison des Sciences de l'Homme d'Aquitaine, 171 p. http://www.msha.u-bordeaux.fr/MSHA

DUMOLARD (P.), GUIGO (M.), 1998, *« Aide à la décision territoriale, l'information pour l'action »*, in Géopoint 98, *Décision et analyse spatiale*, groupe Dupont, université d'Avignon, pp. 16-21.

DURAND-DASTES (F.), 1979, « La notion de système et la circulation atmosphérique », *BAGF* n° 56, pp. 391-398.

DURAND (D.), 2002, *La systémique*, Collection « Que Sais-je ? », n° 1795, 9ème édition PUF, 127 p.

ELISSALDE (B.), 2000, « Géographie, temps et changement », in *L'Espace Géographique* n° 3-2000, pp. 224-236.

ELISSALDE (B.), 2002, « Une géographie des territoires », in *L'information Géographique*, volume 65, pp. 193-205, Ed. SEDES, Paris.

ELIAS (N.), 1981, *Qu'est-ce que la sociologie ?*, Pandra, DES Sociétés, pp. 156-157.

ENTRIKIN (J.-N.), 1991, *The betweenness of place, towards a geography of modernity*, Baltimore, The Johns Hopkins University Press.

FALLET (B.), SCHULER (M.), 1996, *Atlas jurassien, appui à la coopération transfrontalière*, Ed. Cemagref, Grenoble, 166 p.

FERRAS (R.), 1993, *Les modèles graphiques en géographie*, Coll. Géo-poche, Ed. Economica-Reclus, Paris, 110 p.

FINER (S.), 1985, "The contemporary context of representation", *in Vernon Bogdanor*, pp. 286-292.

FONTAINE (J.), 1997, « Le TGV Rhin-Rhône : une infrastructure essentielle dont la réalisation reste problématique », in *Images de Franche-Comté* n° 16, Besançon, Université de Franche-Comté, pp. 9-2.

FOURNY (M.-C.), 1995, « Identités territoriales et stratégies d'aménagement. Les réseaux de villes en Rhône-Alpes », in *L'Espace Géographique*, n° 4, Ed. Reclus, Montpellier, pp. 329-340.

FOUGÈRE (V.), 1999, *Le Pays : une future collectivité locale ? L'exemple du Pays horloger*, Mémoire de Maîtrise de Géographie, Université de Franche-Comté, Besançon, pp. 186-87.

FRANCOIS (C.), 1997, "Who Knows What General Systems Theory Is?", in *International Society for the Systems Sciences*, primers working papers. http://www.newciv.org/ISSS_Primer.

FREMONT (A.), 1976, *La région : espace vécu*, Paris, PUF, 223 p.

FREMONT (A.), CHEVALIER (J.), HERIN (R.), RENARD (J.), 1984, *Géographie sociale*, Ed. Masson, Paris, 387 p.

FREMONT A., 1999, *Le défi du XXIe siècle. Relier des connaissances*, pp. 114, Seuil, Paris.

FRIEDBERG (E.), 1993, *Le pouvoir et la règle*, Coll. Sociologie, Ed. Seuil, Paris, 387 p.

GARRAUD (P.), 1996, « Logiques d'acteurs et effets de systèmes », in *LACASSE (F.), THOENIG (J-C.) Dir., L'action publique.* Morceaux choisis de la revue « Politiques et management public », Ed. L'Harmattan, Paris, 401 p.

GAUDIN (J-P.), 1999, *Gouverner par contrat. L'action publique en question*, Presses de Sciences Po, Paris, 233 p.

GAUDIN (J-P.), 2002, *Pourquoi la gouvernance ?*, Presses de Sciences Po, Paris, 137 p.

GAXIE (D.), 1997, *Luttes d'institutions, enjeux et contradictions de l'administration territoriale*, Paris, L'Harmattan.

GENELOT (D.), 1992, *Manager dans la complexité, réflexions à l'usage des dirigeants*, INSEP Editions, 363 p.

GILLARDOT (P.), 1999, « Délimitation et spécificités des Pays en région Centre », *Norois*, 1999, Université de Poitiers, n° 181, tome 46, pp. 83-90.

GIRAUT (F.), 1999, « LOADDT : le sacre de l'approche territoriale et la relégation de l'approche spatiale », in *Montagnes Méditerranéennes* n° 9, Université de Grenoble, pp.41-43.

GOTTMANN (J.-M.), 1973, *The Significance of Territory*, Charlottesville, University Press of Virginia, 169 p.

GOUIN LEVEQUE (P.), 1999, « Le Pays du Perche : pertinence et enjeux de divers espaces de références », in *Norois*, n° 181, Tome 46, Université de Poitiers, pp. 91-99.

GRATALOUP (C.), LARDON (S.), PIVETEAU (V.), 2001, *« Chorèmes et développement territorial »*, in *Mappemonde* n° 62, Ed. Belin-Reclus, p. 1.

GUERMOND (Y.), 1979, *Le système de différenciation spatiale en agriculture : la France de l'Ouest de 1950 à 1975*, diffusion H. Champion, Paris, 376 p.

GUERMOND (Y.), 1984, *Analyse de système en géographie*, textes réunis par Y. Guermond, PUL, Lyon, 324 p.

GUERANGER (D.), 1999, « De la Loi Joxe à la Loi Chevènement, premiers éléments pour une étude comparative », in *Montagnes méditerranéennes* n° 9, université de Grenoble, pp. 23-26.

GUIGO (M.), LE BERRE (M.), 1989, *Écrire un modèle de simulation systémique : impact des aménagements sur le comportement de la nappe phréatique d'une plaine alluviale*, Coll. Grenoble Sciences, Université Joseph Fourier, Grenoble I, 102 p.

GUICHONNET (P.), RAFFESTIN (C.), 1974, *La géographie des frontières*, PUF, 1974, 223 p.

GUIGOU (J.-L.), 1996, « Pour une conception positive et renouvelée de l'aménagement du territoire », in *RERU* n° 4, Poitiers.

GUMUCHIAN (H.), 1991, *Représentations et aménagement du territoire*, Coll. Anthropos, Ed. Economica, Paris, 143 p.

GUMUCHIAN (H.), GRASSET (E.), LAJARGE (R.), ROUX (E.), 2003, *Les acteurs, ces oubliés du territoire*, Ed. Economica, Paris.

HAMMAN (P.), 2001, *La coopération intercommunale transfrontalière : vers une nouvelles gouvernance locale en Europe ? L'exemple de l'association de communes de Saar Moselle avenir*, AFSP Groupe Europe, Journée du 08 novembre 2001, 56 p.

HELLE (C.), 2004, « Le Lubéron, la fin d'un territoire d'exception ? », in *M@ppemonde*, n° 73, 2004-1, http://mappemonde.mgm.fr/num1/art04 .

HELLE (C.), 1997, « Le rôle de l'espace dans l'histoire d'un territoire d'exception, le Luberon », *Troisièmes rencontres de Théo Quant*, 20-21 février 1997, Besançon, pp. 227-234.

HŒFFEL (D.), 1996, préface du livre *La décentralisation en France*, Paris, Ed. La Découverte, pp. 5-7.

HONTA (M.), 2002, *Les territoires de l'excellence sportive*, Presses Universitaires de Bordeaux, Pessac, 354 p.

KEERLE (R.), 2002, *Sports et territoires : contribution à une géographie du pouvoir*, Thèse de Doctorat, Université Paul Valéry, Montpellier III, 598 p.

KOTAS (M.), 1997, *Politique de Pays*, rapport de mission, DATAR, La Documentation Française, Paris, pp. 115-116.

KRUGMAN (P.), 1998, "Space: the final frontier", *Journal of the Economic Perspectives*, Vol. 12, n° 2, pp. 161-174.

LACOUR (C.), PUISSANT (S.), 1995, « Géographie appliquée et science des territoires », in *Encyclopédie de géographie*, Economica, Paris, pp. 1014-1015.

LACOUR (C.), 1997, in *Projets de territoire : quelles structures, quels financements, quelles ressources humaines ?*, Actes des Rencontres de Bordeaux, 1-2 février 1996, « Le développement économique local », Collection Développement Local, Editions du CNFPT, Paris, pp. 37-42.

LAJARGE (R.), 2000, *Territorialités intentionnelles. Des projets à la création des Parcs naturels régionaux (Chartreuse et Monts d'Ardèche)*, Thèse, Université Joseph Fourrier, Grenoble.

LAJARGE (R.), 2000, « Patrimoine et légitimité des territoires. De la construction d'un autre espace et d'un autre temps commun », in *Utopies pour le territoire : cohérence ou complexité ?*, Editions de l'Aube, pp. 79-100.

LASSUS (F.), 1980, *Métallurgistes comtois du XVIIIe au XIXe siècle, les Rochets . Etude sociale d'une famille de maîtres de forges et d'ouvriers-forgerons*, Université de Franche-Comté, Thèse de 3ème cycle, histoire, Besançon.

LAURINI (R.), 1984, « Exégèse des modèles urbains », in *Analyse de système en géographie*, Ed. PUL, Lyon, pp. 16-17.

LE BERRE (M.), 1988, « Débat autour de l'articulation des différents niveaux d'analyse », *Géopoint 88*, Avignon, pp. 153-155.

LE BERRE (M.), 1992, « Territoires », *in Encyclopédie de Géographie*, Economica, Paris, pp. 620-621.

LEMOIGNE (J.-L.), 1977, *La théorie du système général*, Paris, PUF, 258 p.

LEMOIGNE (J.-L.), 1984, *La théorie du système général, théorie de la modélisation*, Paris, PUF, 330 p.

LEMOIGNE (J.-L.), 1999, *La modélisation des systèmes complexes*, coll. Science des organisations, Ed. Dunod, Paris, 178 p.

LERESCHE (J.-P.), SAEZ (G.), 1997, « Identités territoriales et régimes politiques de la frontière », Montpellier, *Pôle Sud*, n° 7, novembre, pp. 27-47.

LESOURNE (J.), 1976, *Les systèmes du destin*, Dalloz Economie, 449 p.

LEURQUIN (B.), 1997, *La France et la politique de Pays : de nouveaux outils pour le développement et l'aménagement des territoires*, Syros, Paris, pp. 113-161.

LÉVY (J.), 2000, *Le tournant géographique : penser l'espace pour lire le monde*, Coll. Mappemonde, Ed. Belin.

LÉVY (J.), LUSSAULT (M.), 2003, *Dictionnaire de la géographie et de l'espace des sociétés*, Ed. Belin, Paris, pp. 907-911.

LÉVY (J.), 1991, « A-t-on encore (vraiment) besoin du territoire ? », in *Espaces Temps* 51-52, pp. 102-142.

LÉVY (J.), 1994, *L'espace légitime sur la dimension géographique de la fonction politique*, Presses de la FNSP .

LIMOUZIN (P.), 1998, « L'intercommunalité, vers une nouvelle territorialité », in *Annales de Géographie*, n° 599, Paris, pp. 59-83.

LORET (A.), 1995, *Sport et management : de l'éthique à la pratique*, Ed. Revue EPS, Paris, pp. 126-127.

LUGNIER (J.-P.), 1991, *Le développement en Franche-Comté, observation, prospective, stratégie*, DESS Développement territorial et gestion de la ressource humaine sous la responsabilité de J.-P. Lugnier, Paris XII, 166 p.

LUSSAULT (M.), 1996, *L'espace en actions. De la dimension spatiale des politiques urbaines*, Habilitation à Diriger des Recherches, Tours.

LUSSAULT (M.), 2000, « Action(s) ! », pp. 11-36, in *Logiques de l'espace, esprit des lieux*, sous la direction de J. Lévy et M. Lussault, Ed. Belin, 351 p.

MAILLAT (D.), NEMETI (F.), PFISTER (M.), SIVIERO (A.), 1993, *L'industrie microtechnique en Suisse*, Université de Neuchâtel, IRER, EDES, Neuchâtel.

MAILLAT (D.), 1995, « Frontière franco-suisse : de la coupure à la couture », in *Quel développement pour l'arc jurassien ?*, IRER, Neuchâtel, pp. 133-157.

MAIGROT (J.-L.), 1999, « Les dix postures du géographe agraire », *Quatrièmes rencontres de Théo Quant*, 11-12 février 1999, Besançon, pp. 41-49.

MAO (P.), DUPUY (N.), 2000, « Vers un diagnostic des territoires de pratiques sportives de pleine nature », in *Montagnes méditerranéennes*, n° 11, Grenoble, pp. 17-26.

MAO (P.), 2003, *Les lieux de pratiques sportives de nature dans les espaces ruraux et montagnards : contribution à l'analyse de l'espace géographique des sports*, Thèse de Doctorat, Institut de Géographie Alpine, CERMOSEM, Université Joseph Fourier, Grenoble I, 693 p.

MARCHAND (J.-P.), 1986, « Contraintes physiques et géographie régionale », in *L'Espace Géographique*, n° 4, Ed. SEDES, Paris, pp. 278-282.

MARCHAND (J.-P.), 1990, « Structures spatiales irlandaises et contraintes historiques », *Actes du Colloque Géopoint*, Avignon, pp. 197-200.

MARTIGNAGO (Y.), MOINE (A.), 1994, « La Franche-Comté à l'heure des migrations », *Images de Franche-Comté*, n° 9, Université de Franche-Comté, Besançon, pp. 21-24.

MATHIEU (D.), PRAICHEUX (J.), 1987, *Atlas des sports*, Ed. Fayard-Reclus, Paris, 119 p.

MELEZE (J.), 1972, *L'analyse modulaire des systèmes de gestion*, A.M.S., Puteaux, France, Editions hommes et techniques, pp. 50-51.

MENANTEAU (J.), 1998, « La France veut acclimater les districts à l'italienne », in *Le Monde*, décembre 1998.

LE MERCIER (L.), 2002, *Les itinéraires de découverte : enseigner autrement*, Hachette Education, Paris, 143 p.

MICOUD (A.), 2000, « Patrimoine et légitimité des territoires. De la construction d'un autre espace et d'un autre temps commun », in *Utopies pour le territoire : cohérence ou complexité ?*, Editions de l'Aube, pp. 53-78.

MINTZBERG (H.), 1982, *Structure et dynamique des organisations*, Paris, Ed. Organisation, 434 p.

MOINE (A.), 1999, « Les migrations à la frontière jurassienne franco-suisse : bassins de vie et bassins d'emploi transfrontaliers », *in Revue Géographique de l'Est*, Tome XXXIX, n° 4, Association des Géographes de l'Est, Nancy, pp. 185-192.

MOINE (A.), REITEL (B.), 2001, « Les infrastructures de transport à la frontière », in *Atlas de France, Territoire et aménagement*, Tome 14, Reclus, La Documentation Française, Paris, pp. 130-131.

MOINE (A.) Dir., DE SÈDE (M.-H.), GILLON (P.), GROSJEAN (F.), MORANT (E.), PRAICHEUX (J.), 2001, rapport de contrat, *Le fait sportif dans le département du Jura : diagnostic*, Conseil Général du Jura, Direction Départementale Jeunesse et Sport du Jura, Comité Départemental Olympique et Sportif du Jura, Cerso-ThéMA, Université de Franche-Comté, Besançon, 103 p.

MOINE (A.), 2002, « Les villes-frontalières de l'arc jurassien franco-suisse : similitudes et différences autour de nouvelles structurations spatiales », in *Villes et frontières*, coordonné par B. REITEL, P. ZANDER, J.-L. PIERMAY, J-P. RENARD, Coll. L'Harmattan, Paris, pp. 71-80.

MOINE (A.), 2002, « La notion de Pays préfigure-t-elle l'émergence d'une nouvelle collectivité territoriale ? », in *La politique d'aménagement du territoire*, dir. CARO P., DARD O., DAUMAS J.-C., Coll. Espace et territoires, Presses Universitaires de Rennes, Rennes, pp. 249-262.

MOINE (A.), DE SÈDE (M.-H.), GILLON (P.), 2002, *« Le fait sportif dans le département du Jura »*, *Images de Franche-Comté*, n° 26, pp. 2-5.

MOINE (A.), 2003, « Evolution d'un espace transfrontalier : le territoire horloger franco-suisse de l'Arc jurassien », in *L'information Géographique*, volume 67, Editions SEDES, Paris, pp. 21-34

MOINE (A.), 2003, *« Représentation et compréhension de la systémogenèse d'un espace de production transfrontalier »*, in *Mappemonde*, Ed. Belin-Reclus, n° 69.

MOINE (A.), REITEL (B.), 2004, « Entre Rhin et Jura, des espaces transfrontaliers où émergent des dissymétries spatiales », in *Mappemonde*, deuxième soumission au Comité de lecture.

MONNOYER-LONGE (M.-C.), 1996, *« Le concept de réseau : anecdotes, réalités, intérêts et servitudes »*, in *Le management territorial*, Presses Polytechniques et Universitaires Romandes, Lausanne.

MORIN (E.), 1988, « Le défi de la complexité », in revue *Chimères*, n° 5/6, 240 p. www.revue-chimeres.org

MORIN (E.), 1991, *Les Idées* (t. 4), Ed. Le Seuil, 1991, Coll. Points, Ed. Seuil, Paris, 261 p.

MORIN (E.), 1995, *Pour une réforme de la pensée*, extraits des entretiens Nathan, 25 et 26 novembre 1995.

MORIN (E.), dir., 1999, *Le défi du XXIe siècle. Relier les connaissances*, Journées thématiques conçues et animées par Edgar Morin, Paris, du 16 au 24 mars, Ed. Seuil, Paris, 471 p.

MORIN (E.), 1999, *La tête bien faite. Repenser la réforme*, Seuil, Paris, 153 p.

MORVAN (Y.), 1997, « Les conditions de l'excellence territoriale », in *Projets de territoire : quelles structures, quels financements, quelles ressources humaines ?*, Editions du CNFPT, pp. 181-195.

MUCCHIELI (R.), 1986, *L'identité*, PUF, Paris, 125 p.

MARCH (J.-G.), OLSEN (J.-P.), 1990, *Rediscovering institutions, the organizational basis of politics*, New-York, The Free Press, VII-227 p.

ORMAUX (S.), 1999, *Propos sur le paysage*, Mémoire d'Habilitation à Diriger des Recherches, Université de Franche-Comté, Besançon, 265 p.

OUDIN (P.), 2002, *Le Pays Horloger*, DRIRE Franche-Comté, 56 p.

PAELINCK (J.), 1992, « Une axiomatique économique de l'espace géographique », in *Encyclopédie de la géographie*, Economica, Paris, pp 641-642.

PARENT (C.), SPACCAPIETRA (S.), ZIMANYI (E.), DONINI (P.), PLAZANET (C.), VANGENOT (C.), ROGNON (N.), CRAUZAZ (P.-A.), 1997, « MADS, Modèle conceptuel spatio-temporel », in *Revue Internationale de Géomatique*, n° 3-4, Volume 7, Ed. Hermès, pp.

PASSET (R.), 1986, « La complexité », in *Science Culture info*, n° 11, pp. 2-3.

PECQUEUR (B.), *Le développement local*, Ed. Syros Alternatives, Paris, pp. 139-140.

PECQUEUR (B.), 1996, « Processus cognitifs et construction des territoires économiques », in B. PECQUEUR, *Dynamiques territoriales et mutations économiques*, Paris, L'Harmattan, pp. 209-226.

PEGUY (Ch.-P.), 2001, *Espace, temps, complexité, vers une méta-géographie*, Ed. Belin, Paris, 283 p.

PIGEASSOU (C.), 1995, « Le sport et les collectivités territoriales : de l'intervention sociale à la promotion locale, politiques ou stratégie ? L'exemple des Conseils Généraux », in *Sport, relation sociale et action politique*, actes du colloque des 14 et 15 octobre 1993 à Talence, Bordeaux, Maison des Sciences de l'Homme d'Aquitaine, 384 p.

PFISTER (M.), LECHOT (G.), LECOQ (B.), 1995, *« Horlogerie franco-suisse : des trajectoires divergentes »*, in *Quel développement pour l'arc jurassien ?*, pp. 75-

130, sous la direction de CREVOISIER (O.) et MAILLAT (D.), IRER, Neuchâtel, 210 p.

PINCHEMEL (P. et G.), 1997, *La face de la terre*, Paris, Ed. A. Colin, pp. 407-412.

PIVETEAU (J.-L.), 1995, *Temps du territoire : continuités et ruptures dans la relation de l'homme à l'espace*, Ed. Zoé, Genève, 260 p.

PIVETEAU (V.), LARDON (S.), 2002, *« Chorèmes et diagnostics de territoire : une expérience de formation »*, in *Mappemonde*, n° 68, Ed. Belin-Reclus, pp. 1-6.

POCIELLO (C.), 1995, *Les cultures sportives*, Ed. PUF, Paris, 287 p.

POCHE (B.), 1996, *L'espace fragmenté : éléments pour une analyse sociologique de la territorialité*, Ed. L'Harmattan, Paris, 275 p.

PORNON (H.), 1996, « Editorial », in *Revue Internationale de Géomatique*, vol. 6, n° 1/1996, Éditions Hermès, numéro spécial, *SIRS, organisation et territoires*, pp. 9-10.

PORTIER (N.), 1997, *« Districts italiens et systèmes territoriaux intégrés »*, in *Politique de pays*, M. KOTAS, Rapport de mission, DATAR, La Documentation Française.

PORNON (H.), 1998, *Système d'Informations Géographiques et organisations géomatique et stratégies d'acteurs*, Ed. L'Harmattan, Paris, 255 p.

PORTIER (N.), 1999, « préface », in *Norois*, n° 181, Tome 46, *Pays et développement local : logique et ambiguïté d'une politique des territoires*, Poitiers.

PORTIER (N.), 2002, *Les Pays*, Coll. Territoires en mouvement, Ed. La Documentation Française, Paris, 99 p.

POULLE (F.), GORGEU (Y.), 1997, « Essai sur l'urbanité rurale, cinq territoires ruraux, leurs serments et leurs modes de gouvernement », in *Les Cahiers de l'Intercommunalité*, Paris, Syros, 127 p.

PRAICHEUX (J.), 1993, *Contribution à l'analyse des espaces du sport*, Habilitation à Diriger les Recherches, Université de Franche-Comté, 131 p.

PRELAZ-DROUX (R.), 1995, *Système d'information et gestion du territoire : Approche systémique et procédure de réalisation*, Coll. Méta, Presses Polytechniques et Universitaires Romandes, Lausanne, 156 p.

PRIGOGINE (I.), STENGERS (I.), 1979, *La Nouvelle Alliance : métamorphose de la science*, Ed. Gallimard, Paris, 302 p.

PUMAIN (D.), SAINT-JULIEN (T.), 1997, *L'analyse spatiale : localisations dans l'espace*, pp. 155-156, Coll. Cursus, Ed. Armand Colin, Paris, 167 p.

PRETTY (J.), GUIT (J.), THOMPSON (J.), SCOONES (I.), 1995, *Participatory Learning in Action. A Trainers Guide for Participatory Learning in Action*, Londres, International Institute for Environment and Development (IIED).

RAFFESTIN (C.), 1986, « Ecogenèse territoriale et territorialité » in *Espaces, jeux et enjeux*, Ed. Fayard, Paris, pp. 173-183.

RAMUNNI (G.), 1995, « Une mutation annoncée » in Actes du colloque CETEHOR et Musée du temps, *De l'horlogerie aux microtechniques 1965-1975*, Besançon, pp. 15-23.

RATTI (R.), 1991, « Théorie du développement des régions-frontières », in *Les cahiers du LERASS*, n° 24, Toulouse.

RAVENEL (L.), 2001, « Les sports de nature au sein des pratiques sportives : les problématiques de l'échelle nationale », Colloque *L'observation des sports de nature : quelles méthodes, quels outils, quels résultats ?*, communication orale, Valence, 29-30 novembre 2001.

RECHENMANN (F.), 1983, « La dynamique des systèmes et son double », in *Cahiers Géographiques de Rouen*, Institut de Géographie, Université de Haute-Normandie, pp. 59-74.

REGOURD (S.), 1999, « L'intercommunalité au cœur d'une spécificité française », in *Les collectivités locales en mutation*, Cahiers Français, n° 293, pp. 41-46.

RÉMOND (B.), 1999, « La décentralisation aujourd'hui : un dessein politique sans dessin institutionnel », in *Les collectivités locales en mutation*, Cahiers Français n° 293, pp. 12-19.

RENARD (J.-P.), 2002, *Limites et discontinuités en géographie*, Dossiers des Images Economiques du Monde, Ed. SEDES.

RETAILLE (D.), 1997, *Le monde du géographe*, Presses de Sciences Po, Paris, 283 p.

RETAILLE (D.), 2000, « Penser le monde », in LÉVY (J.), LUSSAULT (M.) Dir., *Logiques de l'espace, esprits des lieux*, Géographies à Cerisy, Belin, Paris, 351 p.

ROLLAND-MAY (C.), 2000, *Evaluation des territoires : concepts, modèle, méthodes*, Ed. Hermès, Paris, 381 p.

ROLLAND-MAY (C.), 1996, « Méthode de régionalisation d'un espace imprécis et incertain, défini par des variables qualitatives », in *Revue Géographique de l'Est*, Nancy, n° 3-4, pp. 213-242.

DE ROSNAY (J.), 1975, *Le macroscope. Vers une vision globale*, Seuil, Collection Point, n° 80.

ROSENEAU (J.-N.), 1992, *Governance without government: Order in Change in World Politics*, New-York, Cambridge University Press, 311 p.

SAINT-JULIEN (T.), 2000, « Quantitatif et qualitatif dans l'approche géographique : la modélisation en question », pp. 141-152, in *Logiques de l'espace, esprit des lieux*, Géographie à Cerisy, Ed. Belin, Paris, 351 p.

SACK (R.-D.), 1977, *Human territoriality: its theory and history*, Cambridge, University Press.

SACK (R.-D.), 1986, *Human Territoriality*, Cambridge, University Press.

SACK (R.-D.), 1997, *Homo Geographicus*, Baltimore, Londres, The Johns Hopkins University Press.

SCHWARZ (E.), 1990, notes manuscrites, DEA Structures et Dynamiques Spatiales, Centre Interfacultaire d'Etudes Systémiques, Neuchâtel.

SCHWARZ (E.), 1996, *The Future Evolution of Consciousness as a Dialogue between Individuals and Society. Application of a Holistic Metamodel to the Emergence of a Global Human System*, Proceedings of the 40th Annual Meeting of the International Society for the Systems Science, Budapest 1996. Editor J.-M. Wilby. Published by ISSS, P.O. Box 6808, Louisville, KY 40206-0808, USA.

SMOUTS (M.-C.), 1998, « Du bon usage de la gouvernance dans les relations internationales », in *Revue Internationale des Sciences Sociales*, n° 155, Unesco, Paris.

TENZER (N.), 1996, « La déconcentration, mythes et illusions politiques », in *La décentralisation en France*, Paris, Ed. La Découverte, pp. 391-396.

TERNANT (E.), 1995, « Le milieu horloger français face à la mutation de la montre à quartz (1965-1975) » in Actes du colloque CETEHOR et Musée du temps, *De l'horlogerie aux microtechniques 1965-1975*, Besançon, pp. 25-46.

THERIAULT (M.), PRELAZ-DROUX (R.), 2001, « Utilisation des SIG en aménagement du territoire », in *Revue Internationale de Géomatique*, Vol. 11, n° 3-4, Paris, Ed. Hermès, pp. 303-308.

THIAM (S.), 2001, *Implémentation d'un modèle conceptuel riche dans ArcView,* Rapport intermédiaire, Projet COBALT, Université de Franche-Comté, Janvier 2001

VAIVRE (F.), 2001, *Les pays dans la dynamique intercommunale : analyse des jeux d'acteurs et des modes de construction territoriale*, Thèse de doctorat en géographie, Besançon, 358 p.

VIGNEAU (F.), 1998, *Les espaces du sport*, Coll. Que sais-je ?, PUF, Paris, 128 p.

VIGNEAU (F.), 1999, « Quels outils méthodologiques d'aide à l'élaboration d'une politique des équipements sportifs ? », in *Sport dans la Cité*, n° 161, Paris, pp. 22-24.

VOIRON-CANICIO (C.), 1993, « Espace, structures et dynamiques régionales. L'arc méditerranéen », in *Revue de géographie du Laboratoire d'Analyse Spatiale Raoul Blanchard*, n° 33/34, 306 p.

WEBER, (M.), 1969, « La vocation du savant » in *Le savant et le politique*, Paris, Plon, 206 p.

WEBBER (M.-M.), 1980 "A different paradigm for planning", in W.-R. BURCHELL, G. STERLIEB dir., *Planning theory in the 1980's*, New Brunswick, Center for urban policy research, pp. 151-162.

Table des figures

L'HARMATTAN, ITALIA
Via Degli Artisti 15 ; 10124 Torino

L'HARMATTAN HONGRIE
Könyvesbolt ; Kossuth L. u. 14-16
1053 Budapest

L'HARMATTAN BURKINA FASO
Rue 15.167 Route du Pô Patte d'oie
12 BP 226
Ouagadougou 12
(00226) 50 37 54 36

ESPACE L'HARMATTAN KINSHASA
Faculté des Sciences Sociales,
Politiques et Administratives
BP243, KIN XI ; Université de Kinshasa

L'HARMATTAN GUINEE
Almamya Rue KA 028
En face du restaurant le cèdre
OKB agency BP 3470 Conakry
(00224) 60 20 85 08
harmattanguinee@yahoo.fr

L'HARMATTAN COTE D'IVOIRE
M. Etien N'dah Ahmon
Résidence Karl / cité des arts
Abidjan-Cocody 03 BP 1588 Abidjan 03
(00225) 05 77 87 31

L'HARMATTAN MAURITANIE
Espace El Kettab du livre francophone
N° 472 avenue Palais des Congrès
BP 316 Nouakchott
(00222) 63 25 980

L'HARMATTAN CAMEROUN
BP 11486
(00237) 458 67 00
(00237) 976 61 66
harmattancam@yahoo.fr

647858 - Avril 2016
Achevé d'imprimer par

1livre.com
du rêve à la réalité !

www.ingramcontent.com/pod-product-compliance
Lightning Source LLC
LaVergne TN
LVHW010022081026
849535LV00016B/2693
* 9 7 8 2 2 9 6 0 3 5 1 0 2 *